化学分析操作技术

主　编　迟玉霞　肖海燕

副主编　高秀蕊　毕秋芸

编　委　（以姓氏笔画为序）

王　缨（山东药品食品职业学院）

毕秋芸（淄博职业学院）

孙春艳（山东药品食品职业学院）

李冬梅（山东药品食品职业学院）

肖海燕（山东药品食品职业学院）

迟玉霞（山东药品食品职业学院）

赵艾卫（山东新华制药股份有限公司）

高　娟（山东药品食品职业学院）

高秀蕊（山东药品食品职业学院）

柴明艳（淄博职业学院）

翟　璨（山东新华制药股份有限公司）

中国石油大学出版社

CHINA UNIVERSITY OF PETROLEUM PRESS

图书在版编目(CIP)数据

化学分析操作技术/迟玉霞,肖海燕主编. --青岛：
中国石油大学出版社,2019.8
ISBN 978-7-5636-6476-4

Ⅰ.①化… Ⅱ.①迟… ②肖… Ⅲ.①化学分析－高
等职业教育－教材 Ⅳ.①O652

中国版本图书馆 CIP 数据核字(2019)第 156799 号

书　　名：化学分析操作技术
主　　编：迟玉霞　肖海燕

责任编辑：杨海连(电话　0532—86981535)
封面设计：蓝海设计工作室

出 版 者：中国石油大学出版社
　　　　　 (地址:山东省青岛市黄岛区长江西路 66 号　邮编:266580)
网　　址：http://www.uppbook.com.cn
电子邮箱：cbsyhl@163.com
排 版 者：青岛汇英栋梁文化传媒有限公司
印 刷 者：沂南县汇丰印刷有限公司
发 行 者：中国石油大学出版社(电话　0532—86983437)
开　　本：185 mm×260 mm
印　　张：13
字　　数：327 千
版 印 次：2019 年 8 月第 1 版　2019 年 8 月第 1 次印刷
书　　号：ISBN 978-7-5636-6476-4
印　　数：1—2 000 册
定　　价：39.00 元

前言
Preface

随着职业教育改革的不断深入，职业教育的教学理念和教学模式发生了巨大的变化。与之相适应的教材是保证职业教育教学质量的重要前提。本教材严格按照教育部关于高职高专的教学改革要求，以加强实践教学及强化技能培养的教育目标为指导，针对药品质量与安全、药品生产技术、药学等专业的培养目标，根据药学类教学的具体特点，并结合药学教学实践经验和一线分析技术人员的实践经验编写而成。

本教材的主要特点如下：

1. 突出药学特色

以药品分析检验岗位实践要求为宗旨，各种分析方法的学习主要以《中华人民共和国药典》（简称《中国药典》）2015 年版为依据，突出职业能力的培养，药学特色鲜明。本教材特别适合药学类各个专业的学生使用，也可作为医药生产和经营企业等单位的培训教材。

2. 突出实践性

每个教学项目中都设置了实训任务，充分体现"知行合一"的现代职业教育理念。本教材的编写人员，在由实践经验丰富的双师型教师、教学经验丰富的一线教师组成的团队基础上，吸纳了制药企业的一线分析检验工程师。他们熟悉教学、熟悉学生、熟悉药品检验工作，将大量生产和检验岗位上的实际案例编入教材，使得教材贴近生产、对接岗位，更加体现出职业教育的职业性、实践性和开放性，也为践行"双元育人"进行了初步探索。

3. 突出直观性

适应职业院校学生的学习特点，每种分析方法的原理尽可能地使用示意图，仪器设备的使用和操作技术采用实物图片进行展示，做到了直观形象、通俗易懂。

4. 模块优化，易教易学

为了增强学生学习的目的性、自觉性及教材的可读性，突出培养学生分析问题和解决问题的能力,本教材设立了学习目标、实例解析、问题探究、互动讨论、知识链接和目标检测等模块。这些模块有利于学生自主讨论,同时,为任课教师创新教学模式提供了方便,也为学生拓展知识和技能创造了条件。

本教材在编写过程中,得到了参编院校领导和制药企业的大力支持,在此表示衷心的感谢。由于编者水平有限,教材中难免有疏漏和不妥之处,恳请读者多提宝贵意见和建议,以便我们修订完善。

编　者

2019 年 7 月

目 录
Contents

模块一

化学分析基础知识

项目一　化学分析法概述

任务一　分析化学的任务

实例 1-1 "亮菌甲素注射液"事件　2006 年 4 月 22 日起，广州中山三院传染科二例重症肝炎患者先后突然出现急性肾功能衰竭症状。通过排查，将目光锁定在齐齐哈尔某制药有限公司生产的亮菌甲素注射液（见图 1-1）上，这是患者当天唯一都使用过的一种药品。事件中，共有 65 名患者使用了该批号的亮菌甲素注射液，其中 13 名患者死亡，2 名患者受到严重伤害。

图 1-1　亮菌甲素注射液

广东省药品检验所紧急检验查明，该批号的亮菌甲素注射液中含有毒有害物质二甘醇。经卫计委、原国家食品药品监督管理总局组织医学专家论证，二甘醇是导致该事件中患者急性肾功能衰竭的元凶。

如何发现和确认药品是否存在质量安全问题？怎样保证药品和食品安全？

一、分析化学的定义

分析化学是研究物质的组成、含量、结构和形态等化学信息的分析方法及相关理论和技术的一门科学,是化学学科的一个重要分支。分析化学是研究分析方法的科学,它吸取当代科学技术的最新成果,把化学与数学、物理学、计算机科学、生物学等有机结合起来,利用物质的一切可以利用的性质,研究新的检测原理,开发新的仪器、设备,建立表征测量的新方法和新技术,最大限度地获取物质的结构信息和质量信息,具有很强的实践性和综合性。

二、分析化学的任务

分析化学的主要任务包括定性分析、定量分析、结构分析和形态分析。定性分析的任务是鉴定物质体系的化学组成;定量分析的任务是测定试样中有关组分的含量;结构分析的任务是确定物质的分子结构;形态分析的任务是研究物质的价态、晶型、结合态等性质。因此,化学分析的任务是采用各种方法、仪器和手段,获取分析数据,解决关于物质体系的构成及其性质的问题。

三、分析化学的作用

分析化学在国民经济发展、资源开发利用、医药卫生、国防建设及科技进步等各领域中发挥着十分重要的作用,被称作工农业生产的"眼睛"、国民经济和科学技术发展的"参谋"。它是控制产品质量的重要保证,也是进行科学研究的基础方法。因此,分析化学的水平从某种程度上代表了一个国家的科学技术发展水平。

"分析化学"是药学类专业的重要专业基础课,许多药学专业课程如"药物分析""中药制剂分析""药物化学""药剂学""药理学""中药化学"等,都涉及分析化学的理论、方法及技术。

分析化学的知识和技能直接应用于药品行业中新药研发、药品生产、药品流通、临床药学、药品监督管理等领域的分析检验岗位(见图 1-2),以及食品分析、环境监测、工业分析、疾病诊断等分析检验岗位。

(a)某医药技术公司实验室　　　　　　　　　　　(b)某制药企业质检部

图 1-2　分析检验岗位

四、如何学好分析化学

"分析化学"是药学类专业的专业基础课,在专业课程体系中起着承前启后的作用,因此,学好分析化学对于圆满完成本专业的学习至关重要。

本教材由 3 个模块组成。模块一主要介绍误差、天平操作、常用玻璃器皿的使用等基础知识。这部分内容既具有一定的普遍性,又和后面的模块有机结合。模块二和模块三是两大化学分析法。化学分析主要是定量分析,学习这部分内容时,要充分掌握各种分析法的基本原理,理解化学反应的实际应用,明确严控反应条件,清楚定量计算的理论依据并能正确表达分析结果。

"分析化学"这门课程有两大特点:超强的实践性和严格的"量"的概念。在学习中,必须十分重视实验课的学习,注意规范操作,仔细观察,认真记录,培养严谨的科学态度,从理论到操作,让"量"无处不在。

任务二　分析方法的分类

实例 1-2 氯化钠注射液的含量测定　精密量取本品 10 mL,加水 40 mL、2% 糊精溶液 5 mL、2.5% 硼砂溶液 2 mL 与荧光黄指示液 5~8 滴,用硝酸银滴定液(0.1 mol/L)滴定。每 1 mL 硝酸银滴定液(0.1 mol/L)相当于 5.844 mg 的氯化钠。

1. 上述实例中分析的任务是什么?采用了什么分析方法?

2. 分析方法有哪些?分类的依据是什么?

分析方法可根据分析任务、分析对象、分析原理、试样取用量、被测组分含量、分析要求和应用领域的不同进行分类。

一、定性分析法、定量分析法、结构和形态分析法

根据分析任务的不同,分析方法可分为定性分析法、定量分析法、结构和形态分析法。

(一)定性分析法

鉴定试样的化学组成,其结果用元素、离子、基团或化合物表示。

(二)定量分析法

测定试样中某组分或各组分的含量,其结果用相对百分含量表示。

(三)结构和形态分析法

确定试样的结构和形态,其结果用分子结构、晶体结构、空间分布、氧化态与还原态、配位态等表示。

二、无机分析法和有机分析法

根据分析对象的不同,分析方法可分为无机分析法、有机分析法和生化分析法。下面主要介绍前两种。

(一)无机分析法

分析对象是无机物。由于组成无机物的元素多种多样,因此,在无机分析中,要求鉴定

试样由哪些元素、原子团或化合物组成,以及各组分的相对含量。

(二)有机分析法

分析对象是有机物。虽然组成有机物的元素种类并不多,但有机化合物的结构很复杂,因此,不仅需要元素分析,更重要的是进行基团分析及结构分析。

三、化学分析法和仪器分析法

根据分析原理的不同,分析方法可分为化学分析法和仪器分析法。

(一)化学分析法

化学分析法是利用待测物质的化学性质,通过试样的化学反应进行分析的方法。由于历史悠久,又是分析化学的基础,化学分析法常称为经典分析法。它包括化学定性分析法和化学定量分析法。化学定性分析法是根据试样与试剂发生的化学反应的现象和特征来鉴定试样的化学组成;化学定量分析法是利用试样中被测组分与试剂定量地进行化学反应时两者的化学计量关系来测定该组分的含量。根据操作形式的不同,化学定量分析法可分为重量分析法和滴定分析法(容量分析法)。

化学分析法的特点:仪器简单,结果准确,应用广泛,主要用于常量组分分析。在化学学科飞速发展的大背景下,化学分析的许多技术和方法在不断改进,应用范围不断扩大。因此,化学分析法是研究物质及其变化的重要方法之一,在分析化学领域起着一定的作用。例如,环境科学、新材料科学、生命科学等领域。在医药学科领域,化学分析法是药品检验中最基本的方法。

本教材定位为化学分析法的理论及操作技术。

(二)仪器分析法

利用待测物质的物理或物理化学性质进行分析的方法,这类方法由于往往需要用到特定的仪器,故称为仪器分析法,也称为现代分析法。物理分析法是根据某种物质的物理性质,如相对密度、熔点、折射率、旋光度、光谱特征等,不经化学反应,直接进行定性或定量分析的方法,如光谱分析法。物理化学分析法是根据物质在化学变化中的某种物理性质与被测组分之间的关系进行定性或定量分析的方法,如电位滴定法、永停滴定法等。仪器分析法具有灵敏、快速、准确及操作自动化程度高的特点,发展很快,应用广泛,特别适合微量分析或复杂体系的分析。其主要方法有电化学分析、光谱分析、色谱分析及质谱分析等。

四、常量分析法、半微量分析法、微量分析法和超微量分析法

根据试样取用量的不同,分析方法可分为常量分析法、半微量分析法、微量分析法和超微量分析法,见表1-1。无机定性分析法的试样用量一般为半微量分析法,化学定量分析法的试样用量一般为常量分析法,仪器分析法的试样用量常为微量分析法和超微量分析法。

表 1-1 分析方法按试样取用量分类

分析方法	试样取用量	
	固体试样/g	液体试样/mL
常量分析法	>0.1 g	>10 mL

分析方法	试样取用量	
	固体试样/g	液体试样/mL
半微量分析法	0.01～0.1 g	1～10 mL
微量分析法	0.1～10 mg	0.01～1 mL
超微量分析法	<0.1 mg	<0.01 mL

五、常量组分分析法、微量组分分析法和痕量组分分析法

根据被测组分含量的不同,分析方法可分为常量组分分析法、微量组分分析法和痕量组分分析法,见表1-2。

表1-2　分析方法按被测组分含量分类

分析方法	被测组分在试样中的含量
常量组分分析法	>1%
微量组分分析法	0.01%～1%
痕量组分分析法	<0.01%

六、例行分析法和仲裁分析法

按分析要求的不同,分析方法可分为例行分析法和仲裁分析法。

例行分析法是指一般实验室在日常工作中的分析方法,又称常规分析法。例如,药厂质检室的日常分析工作即是例行分析。仲裁分析法是指不同单位对分析结果有争议时,要求仲裁单位,如一定级别的药检所、法定检测单位等,用法定方法进行裁判的分析方法。

七、其他分析法

根据应用领域的不同,分析方法可分为药物分析法、食品分析法、工业分析法、临床分析法、刑侦分析法、环境分析法等。

讨论实例1-2使用的分析方法属于哪类分析方法。

任务三　化学分析的基本程序及药品分析检验

如果你是质量检验员,分析检验的基本程序如何?

一、化学分析的基本程序

化学分析应用十分广泛,各个应用领域及其分析的目的、项目也不尽相同,但化学分析一般都遵循一定的程序:样品的采集、试样的制备和保存、试样的检验、计算与数据分析、原

始记录与检验报告,如图1-3所示。

图1-3　化学分析的基本程序

(一) 样品的采集

样品的采集应遵循科学性、真实性和代表性的原则。同时,采集的设备和容器均应按规定进行清洁,不得对样品造成污染。样品具有代表性,即分析试样的组成能代表整批物料的平均组成。否则,无论分析工作做得如何认真、准确,所得的结果也将毫无实际意义,更严重的是,提供了无代表性的分析数据会给实际工作造成严重的干扰。因此,必须采用科学取样法,从原始试样或送检试样中取出有代表性的供试品进行检验,而且有必要慎重地审查试样的来源,并采用正确的取样方法。

通常,试样的聚集状态主要有气态、液态和固态。不同的试样类型有不同的特点,因而其采集的方式和要求应有所差别。

1. 气体试样的采集

根据气体试样的性质和用量,可以选用注射器、塑料袋、球胆、抽气泵等直接采样。对于大气污染物的测定,通常选择在距地面50~180 cm的高度用大气采样仪采样。采样时,使空气通过适当的吸收剂,待被测组分通过吸收剂吸收浓缩后再进行测定。

2. 液体试样的采集

由于液体的流动性较大,试样内各组分的分布比较均匀,因而任意取一部分或稍加搅匀后取一部分,即可成为具有代表性的试样。考虑到工业废水、生活污水等对水质的污染而使组分的分布有所不同,在采集江河、湖泊水样时,应按有关规定在不同的地点和深度采样,所取样品按一定的规则混合后再供分析使用。

3. 固体试样的采集

固体试样通常分为组成分布较均匀样和组成分布不均匀样两类。

(1)组成分布较均匀样的采集。

金属及其制品的组成一般比较均匀,因此,对于片状或丝状试样,剪取部分即可用于测定。对于钢锭和铸铁而言,由于生产过程中其表面和内部的凝固时间不同、表面和内部的组成不均匀,采样时应将其表面清理,然后在不同的部位、不同的深度钻取碎屑,混合均匀后再作为分析样。

盐类、化肥、农药和精矿等组成比较均匀,可从总体中按有关规定随机抽样,并将随机抽到的多个样混匀后再作为分析样。

(2)组成分布不均匀样的采集。

矿石、煤炭、土壤等颗粒大小不等,硬度相差大,组成极不均匀。若是堆成圆锥形,应从底部周围几个对称点向对顶点画线,再沿底线按均匀的间隔、一定的比例采样。若物料是用输送带运送的,可在输送带的不同横断面上取若干份样品。若物料是用车(或船)运送的,可按散装固体随机抽样,再在每车(或船)中的不同部位多点采样,以克服运输过程中的偏析作用。取出的份数越多,试样的组成越具有代表性,但处理时所耗人力、物力将大大增加。因此,采样的数量可按统计学处理,选择能达到预期的准确度最节约的采样量。

样品的颗粒越大,采样量应越多。为减少采样量,常将原始试样进行破碎、过筛、混匀和缩分。试样每经过一次破碎后,先使用机械法或人工法取出一部分有代表性的试样,然后再进行下一步处理,这样就可以将试样量逐渐缩小,这个过程称为缩分。常用的缩分方法为四分法。

四分法取样:将采集来的样品充分混合后堆成圆锥形,用铲子将锥顶压平成截锥体,通过截面圆心将锥体分成四等份,弃去任一相对的两等份,将剩下的两等份取出后进一步破碎、细磨,过筛后混合均匀并堆成一个圆锥形,如上所述进一步缩分,直至达到需要的细度和数量为止,如图 1-4 所示。

图 1-4 四分法取样

窗口关闭式采样探子

窗口关闭式采样探子(见图 1-5)符合 GB/T 6679—2003《固体化工产品采样通则》,适用于粉末、小颗粒、小晶体等固体化工产品采样。

图 1-5 窗口关闭式采样探子

采样探子由两根配合紧密的管子组成,外管开一组槽子,内管相应开一组槽子。取样时,内外管槽口封闭并沿一定的角度插入物料,到达指定深度后转动打开槽口,抽出前再将槽口封闭,将所取物料倒入样品容器内,完成一次取样。它不仅适用于采集全部样品,还适用于采集部位样品。

性能优势:

(1)采样探子使用的是 304 不锈钢材质,对样品无污染,可广泛应用于药品、食品等行业。

(2)采样探子的内壁、外壁经过抛光处理,可防止污染样品且更容易清洁。

(3)采样探子的所有部件均可拆卸,便于清洁,可防止细菌、污染物的存留。

(二)试样的制备和保存

试样的预处理系指将样品按照一定的方法制备成供分析使用的状态和浓度,使试样适合于选定的分析方法及仪器设备,同时消除可能产生的干扰。

1. 试样的制备原则

(1)防止组分损失。

试样的预处理应尽可能防止和避免待测组分发生化学变化或者丢失,并保证样品中被测元素全部定量转入试液;采样后应尽可能快地进行分析样品的制备和分析,或者使用合适的方法消除这种干扰,做好样品保存。

（2）避免引入干扰。

在样品预处理过程中,如果将待测组分进行化学反应,则该反应必须是已知的、定量的反应,以免样品处理过程中引入干扰元素,且干扰元素易去除。

样本的制备方法必须与分析目的保持一致,要尽量简便、易操作、经济、迅速、安全;样品处理装置的尺寸应当与处理的样品量相适应,并尽量减少对环境的污染,且便于成批处理试样。

2. 试样制备常用的方法

（1）试样的分解。

试样的分解可采用溶解、熔融、消解。其中,溶解包括水溶、酸溶、碱溶、有机溶剂溶解,熔融包括酸熔、碱熔,消解包括湿法消化、干式灰化。

（2）干扰的消除。

消除干扰可采用掩蔽、分离、富集。掩蔽是通过改变干扰物质的反应活性来消除干扰的,包括氧化还原掩蔽、配合掩蔽、沉淀掩蔽、酸碱掩蔽;分离是通过将干扰物质与被测组分分离来消干扰的,包括沉淀分离、萃取分离、色谱分离等;富集是通过提高被测组分的浓度来消除干扰的,包括萃取、吸附、共沉淀等。

3. 试样的保存

试样按其成分的稳定性,可分为稳定样品和不稳定样品。其中,不稳定样品中待测组分的含量可能因某种原因会随着时间的变化而变化。例如,生物样品、食品等可能因为样品中微生物等的作用而发生变质;盛于容器中的水样可能因为容器壁的吸附作用、离子交换作用,水体中微生物的新陈代谢作用,化学作用或物理化学作用等而发生一系列的变化。这些变化可能导致检测数据失去真实性、可靠性和代表性,造成错误的结论和评价。

对于稳定性较差的样品,应按有关规定对样品进行及时分析。对于不能及时分析的样品,应根据情况采取恰当的保存方法进行保存处理。例如,将样品冷藏,以抑制微生物的活动,减缓物理和化学作用的速率;加入保存剂(如微生物抑制剂、强酸/强碱氧化剂/还原剂等),增加待测组分的稳定性;密封、干燥,以防止样品受潮等。

（三）试样的检验

根据掌握的试样的组成、被测组分的性质及含量、测定的目的要求和干扰物质等情况,选择恰当的分析方法进行测定。一般来说,测定常量组分时常选用化学分析法,测定微量组分时常选用仪器分析法。

（四）计算与数据分析

1. 分析结果计算

表示被测组分的含量,首先要确定被测组分的化学形式。例如,可用元素形式表示,也可用氧化物形式表示,还可用离子或化合物形式表示。然后按照确定的形式对测定结果进行换算和表达,比较普遍的是以质量分数表示。例如,组分 B 的质量分数的定义是:被测组分 B 的质量与试样的质量之比。

其他常用的含量表示形式有体积分数、物质的量浓度和质量浓度。其中,质量浓度指 100 mL 试液中所含被测组分的质量(g)。

2. 数据处理

计算待测组分的含量,同时对分析结果进行评价,判断分析结果的准确度、灵敏度、选择性是否达到要求。

运用统计学方法对分析测定获得的信息进行有效处理。例如,分析结果的准确性、精密性主要突出在室内分析测试,此外还有突出现场调查、设计布点和采样保存等过程或全过程的代表性、完整性和可比性。为获得可靠的分析结果,世界各国都在积极制订质量保证与质量控制计划。

(五)原始记录与检验报告

整个分析过程的最后一个环节,需按要求将分析结果形成书面报告,并在一定时间内将原始记录保存完好。

1. 原始记录与检验报告的内容

检(测)验报告系指依据规定的方法和要求进行分析后,对样品检测结果的书面报告或样品质量做出的技术鉴定。

原始记录是记述检验过程中的各种检验现象及检验数据的原始资料,是出具检验报告书的依据,因此,必须详细记录检验数据。完整的信息记录可以保证样品检验数据的科学性、真实性、可溯源和完整性。记录内容应本着做有痕、追有踪、查有据的原则,体现客观、规范、准确和及时的原则。

原始记录和检验报告的内容主要有3部分:

(1)供试品情况。

如品名、规格、批号、数量、来源、取样日期、报告日期。原始记录和检验报告基本相同。

(2)分析检验情况。

如检验项目和方法、检测仪器及条件、实验现象、测定数据、计算及数据处理结果。此部分中,原始记录和检验报告不尽相同,检验报告更侧重检验项目的结果和结论。

(3)相关人员签名。

如检验人、复核人、审核人。检验复核是由未参加该检验并具有资格的检验专员,对检验内容的完整性、计算结果的真实性和准确性、结论等进行核对、修改。检验审核由质量控制负责人审核,重点是审核记录报告的规范化和合理性。

检验报告除了有检验人、复核人、审核人的签字外,还需要加盖检验单位公章。

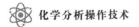

2. 原始记录和检验报告的填写规范

原始记录是受控文件,应有专门的检验记录格式,并统一编号。检验记录的格式和内容很难给出一个全国统一的模式,但各个行业结合实际情况,对检验记录的方式、格式、载体、用笔、装订、字体等都有标准化、格式化、规范化的规定。以下简单介绍药品分析检验中常用的记录填写规范和原则。在日常实验实训时,我们要严格按照规范填写实验实训记录,培养高度严谨的职业素养。

(1)检验记录要真实、完整、及时。及时系指检验过程中及时在规定的检验记录本上记录,不允许事后追记或转抄补记。

(2)原始记录的各项内容应逐项填写,若有缺项,应该在该格内画一条斜线。该页大部分空白时,应该有"以下空白"内容。

(3)检验记录必须用钢笔、中性笔填写,不允许用圆珠笔、铅笔。

(4)检验记录字迹要工整、清晰,保持清洁,不得撕页,不得任意涂改、贴盖。一旦出现误记,可采用杠改法,即在需要改正的地方画一条横杠,将正确的数据记录在旁边并签名。被更改的原始记录内容应清晰可见,不允许消失或不清楚。

(5)检验记录如需重新誊写,则原有检验记录不得销毁,应当作为重新誊写检验记录的附件保存。

(6)凡用计算机打印的数据与图谱,应剪贴于记录的适宜处,并有操作者签名。用热敏纸打印的数据、图谱,为防止日久褪色,应将所有检验数据记录在原始记录单上,并及时复印,妥善保存。

(7)使用电子处理系统的,只有经授权人员许可方可输入或更改数据,且更改、删除情况应当有记录痕迹。

(8)报告书的内容应完整、规范,有明确的结论。

3. 原始记录和检验报告的管理

检验室一般都有经过批准的制度和操作规程,对原始检验记录编制、填写、更改、标识、收集、检索、存取、归档、贮存、维护和清理等各个环节提出了明确的要求。

原始检验记录是检验室规范设计的,原始记录应按顺序编号打印或装订成册。检验记录应统一保管、立卷归档,必要时电子备份另地储存保管,以防丢失。同时,便于使用、管理和查询。原始记录应保存规定的时间期限,不同类别的检验记录可能保存期限不同。

二、药品分析检验

(一)药品分析检验的依据

《中华人民共和国药品管理法》规定,药品必须符合国家药品标准。《中华人民共和国药典》(以下简称《中国药典》,见图1-6)、药品注册标准和其他药品标准为国家药品标准。

《中国药典》的英文名称为 Pharmacopoeia of the People's Republic of China,英文简称为 Chinese Pharmacopoeia,英文缩写为 ChP。它由国家药典委员会编纂,经国务院同意由原国家食品药品监督管理总局批准颁布。《中国药典》是具有法律性质

图1-6 《中国药典》

的国家药品标准,是药品生产、经营、使用、检验和管理部门判定药品是否合乎国家规定的共同依据,是国家保证药品质量、保护人民用药安全的法典。

《中国药典》于 1953 年编纂出版第一版以后,相继于 1963 年、1977 年分别修订出版。从 1985 年起,《中国药典》每 5 年修订一次,现行版为 2015 年版。本教材中,除特别注明版本外,《中国药典》均指现行版《中国药典》。《中国药典》一经颁布实施,其同品种的上版标准或原国家标准即同时停止使用。《中国药典》的组成及其收载内容见表 1-3。

表 1-3 《中国药典》的组成及其收载内容

组成	收载内容
一部	药材和饮片、植物油脂和提取物、成方制剂和单味制剂等
二部	化学药品、抗生素、生化药品、放射性药品
三部	生物制品
四部	通则(包括制剂通则、检测方法、指导原则、标准物质和试液试药相关通则)、药用辅料
增补本	新增品种、修订(订正)品种

(二)药品分析检验的机构和基本程序

中国食品药品检定研究院是原国家食品药品监督管理总局下设的国家级药品检验机构,承担着省级食品药品检验所的技术考核与业务指导、国家药品标准物质的标定、药品注册检验、进口药品的注册检验与药品监督检验和复验(仲裁检验)等工作。省、地市食品药品监督管理局分别下设省食品药品检验所、市食品药品检验所,承担着依法实施药品审批和药品质量监督检查所需的药品检验工作。

药品生产企业根据规定设置质量检验部门,包括中心化验室和车间化验室,依据药品质量标准的规定和实验室的具体条件制定相应的标准操作规范(SOP),并实施企业生产药品的生产规程监控与出厂检验。

药品检验的基本程序包括取样、检验、记录与计算、出具检验报告,如图 1-7 所示。其中,在检验环节中,检验的项目包括性状、鉴别、检查、含量或效价测定。

图 1-7 药品检验的基本程序

目标检测

一、填一填

1. 根据分析任务不同,分析方法分为＿＿＿＿＿＿、＿＿＿＿＿＿、＿＿＿＿＿＿。

2. 按照分析原理和操作方法不同,分析化学分为＿＿＿＿＿＿、＿＿＿＿＿＿。

3. 化学分析法中的定量分析可分为＿＿＿＿＿＿、＿＿＿＿＿＿。

4. 样品采集应遵循＿＿＿＿＿＿、＿＿＿＿＿＿、＿＿＿＿＿＿的原则。

5. 试样预处理应遵循_____、_____的原则。

二、选一选

1. 化学定性分析法的分析依据是（　　）。
    A. 物理常数   B. 化学计量关系   C. 反应特征   D. 物理化学性质

2. 滴定分析法属于（　　）分析法。
    A. 半微量   B. 无机分析   C. 仪器分析   D. 化学定量

3. 滴定分析法主要用于（　　）。
    A. 仪器分析   B. 常量分析   C. 定性分析   D. 重量分析

4. 滴定分析和重量分析的分类依据是（　　）不同。
    A. 分析原理   B. 操作形式   C. 分析对象   D. 试样用量

5. 定量分析的结果表示形式是（　　）。
    A. 分子结构   B. 基团   C. 相对百分含量   D. 晶体结构

6. 滴定分析法是（　　）中的一种。
    A. 化学分析法   B. 重量分析法   C. 仪器分析法   D. 光学分析法

7. 鉴定物质的组成属于（　　）。
    A. 定性分析   B. 定量分析   C. 结构分析   D. 化学分析

8. 试样的采取原则应具有（　　）。
    A. 典型性   B. 代表性   C. 统一性   D. 不均匀性

9. 测定食盐中氯化钠的含量应选用（　　）。
    A. 定性分析   B. 定量分析   C. 化学分析   D. 结构分析

10. 分析某药物含量，取药样约 0.2 g 进行分析，此方法属于（　　）。
    A. 常量分析   B. 半微量分析   C. 微量分析   D. 超微量分析

三、判一判

1. 原始记录可以用铅笔书写。   （　　）

2. 原始数据不可以涂改。   （　　）

3. 为了原始记录的整洁，原始数据可以事后补记和转抄。   （　　）

4. 样品的预处理原则是避免组分损失，防止引入干扰。   （　　）

5. 常量组分分析必须采用常量分析法。   （　　）

四、想一想

简述分析检验的基本程序。

项目二　分析结果的误差和有效数字

学习目标

【知识目标】

1.掌握误差的分类和消除误差的方法,测量值的准确度和精密度的概念,度量参数及计算方法,有效数字的概念、修约和运算规则。

2.熟悉实验数据的记录方法。

3.了解有效数字在药品检验中的应用,药品检验对准确度、精密度的规定。

【技能目标】

1.会正确记录测量数据,并按照有效数字的运算程序和运算规则进行有效数字的运算。

2.会对分析结果的误差进行评价。

任务一　误差及其分类

在分析检验中,任何测量值都不可能与真实值完全一致,同一试样的多次测量值也可能不完全一致。这种测量值与真实值不一致的现象,通常用误差来描述和衡量。根据误差产生的原因和性质,误差可分为系统误差和偶然误差。

一、系统误差

在分析检验中,由确定性因素引起的误差称为系统误差,也称为可定误差或可测误差。其特点是:在相同条件下重复测定总会重复出现;其大小和正负是可以测定的,对测定结果的影响比较恒定,从理论上来说可以消除。

(一)系统误差的分类

根据系统误差的性质和产生的原因,可将其分为4类。

1.仪器误差

由于仪器不够精确或未校正引起的误差。例如,使用未经校准的仪器、天平砝码被腐蚀、滴定管体积没有校正等。

2.试剂误差

由于试剂或溶剂含有微量的被测物质或干扰杂质引起的误差。例如,试剂或溶剂纯度

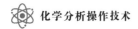

较低、变质等。

3. 方法误差

由于分析方法不够完善引起的误差。例如,沉淀重量法中被测组分沉淀不完全、滴定分析法中滴定终点和化学计量点不一致等。

4. 操作误差

由操作者的主观因素引起的误差。例如,操作者对滴定终点颜色辨别偏深或偏浅、读取仪器测量值时偏高或偏低等。

(二) 系统误差的性质

由于系统误差是由确定性因素引起的,因此,系统误差具有恒定性和可测性。

1. 恒定性

系统误差的大小和正负固定不变,对测定结果的影响恒定;重复测定,系统误差重复出现。

2. 可测性

系统误差可以利用适当的方法测定出来。

(三) 消除系统误差的方法

根据系统误差的性质,可以通过下述方法将系统误差值(称为校正值)测定出来,然后从测量结果中减去,便可达到消除系统误差的目的。具体方法为:

1. 校正仪器

将分析检验中使用的计量仪器如分析天平、移液管、滴定管等进行校正,因校正值等于仪器误差值,故可以消除仪器误差。

2. 空白试验

空白试验是指在不加供试品或以等量溶剂替代供试液的情况下,按照与供试品相同的分析方法进行的试验。空白试验的结果称为空白试验值,简称空白值。因空白试验值等于仪器误差值、试剂误差值与操作误差之和,故做空白试验可以消除仪器误差、试剂误差和操作误差。

3. 对照试验

对照试验是指用已知含量的标准品或对照品替代供试品,按照与供试品相同的分析方法进行的试验。对照试验值等于真实值、仪器误差值、试剂误差值、方法误差值与操作误差之和,故做对照试验可以消除仪器误差、试剂误差、方法误差和操作误差。

4. 回收试验

回收试验是指在供试品溶液中加入已知量的被测组分,用相同的方法进行试验。回收试验也属于对照实验,常在样品组成不太清楚时和微量组分分析中使用。回收试验值等于加入值、仪器误差值、试剂误差值和方法误差值之和。

二、偶然误差

在分析检验中,由偶然因素引起的误差称为偶然误差,也称为随机误差或不可定误差。偶然误差是由不确定的因素引起的,如实验室温度、湿度、电压、仪器性能等的偶然变化以及操作条件的微小差异。

（一）偶然误差的性质

1. 随机性和不可测定性

偶然误差的出现是随机的、偶然的,无法预测,无法控制,无法测定。

2. 具有统计规律性

偶然误差的出现服从统计规律,可用正态分布曲线表示。即大误差出现的概率小,小误差出现的概率大;绝对值相等的正、负误差出现的概率大体相等,它们之间常能部分或完全抵消。

（二）减免偶然误差的方法

由于偶然误差的出现服从正态分布规律,因此,可以采取增加平行测定次数,然后取平均值的方法来减免偶然误差。

请将表2-1中引起误差的原因及种类进行分类,并讨论消除或减免误差的方法。

表 2-1　误差产生的原因、种类及消除或减免的方法

引起误差的原因	原因分类	误差分类	消除或减免的方法
天平砝码被腐蚀			
试剂中含有被测组分			
化学计量点不在指示剂的变色范围内			
读取滴定管体积值时,最后一位估计不准			
仪器测定时,电压波动			

任务二　误差的量度

实例 2-1　同一试样,用托盘天平(称量的绝对误差为± 0.1 g)称量,其值为 10.0 g;用万分之一电子天平(称量的绝对误差为$\pm 0.000\ 1$ g)称量,其值为 10.000 0 g。请比较两次测量值的准确度。

实例 2-2　用同一台电子天平(称量的绝对误差为$\pm 0.000\ 1$ g)称量两份试样,称量值分别为 2.000 1 g 和 0.020 0 g,请比较两次测量值的准确度。

问题探究

以上两个实例中,称量结果的准确度一样吗? 如何考量?

一、准确度和误差

准确度是指测量值与真实值接近的程度。准确度反映了测量结果的准确性。准确度的高低用误差来定量衡量。误差值的绝对值越小,准确度越高。误差有绝对误差和相对误差两种表示形式。

(一) 绝对误差

1. 概念

绝对误差是指实际测量值与真实值之差,用 E_i 表示。

对于某个测量值,其表达式为:

$$E_i = x_i - T \tag{2-1}$$

对于某组测量值,其表达式为:

$$E_i = \overline{x_i} - T \tag{2-2}$$

2. 意义

绝对误差可用于定量衡量某一个或某一组测量值的准确度。绝对误差值的正、负表示测定结果比真实值偏高、偏低,其值的绝对值反映了测量值与真实值接近的程度。

例如,某一物品的真实质量为 2.000 0 g,用分析天平称量得 2.000 1 g,则该测定结果的绝对误差为 +0.000 1 g,说明称量值比真实值偏高 0.000 1 g。计算如下:

$$E = x - T = 2.000\ 1 - 2.000\ 0 = +0.000\ 1(g)$$

3. 分析应用

测量值的绝对误差是由仪器的分度值决定的。仪器测量值的绝对误差为 ±1 个分度值单位。对于同一测量仪器,每次测量的绝对误差保持不变。例如,分析天平(分度值为 0.1 mg)每次测量值的绝对误差为 ±0.000 1 g,移液管、滴定管每次测量值的绝对误差为 ±0.01 mL。

在有些情况下,比较测量结果的绝对误差无法判断准确度的高低。如实例 2-2 中,两份试样的绝对误差均为 ±0.000 1 g,称量结果的准确度哪一份更高呢?

(二) 相对误差

1. 概念

相对误差是指绝对误差在真实值或测量值中所占的百分率,用符号 RE 表示,其数学表达式为:

$$RE(\%) = \frac{E}{T(x)} \times 100\% \tag{2-3}$$

2. 意义

相对误差值可定量衡量某个或某组测量值的准确度。相对误差值可用于比较不同测量值的准确度的高低。

实例 2-2 中,两个测定值 2.000 1 g 和 0.020 0 g 的绝对误差均为 ±0.000 1 g,但 RE 分别为 0.005% 和 0.5%,准确度相差 100 倍。计算如下:

$$RE_1 = \frac{E}{x} \times 100\% = \frac{\pm 0.000\ 1}{2.000\ 1} \times 100\% = 0.005\%$$

$$RE_2 = \frac{E}{x} \times 100\% = \frac{\pm 0.000\ 1}{0.020\ 0} \times 100\% = 0.5\%$$

3. 分析应用

由此可知,对于分度值相同的测量仪器,测量值越大,准确度越高。例如,使用分析天平(分度值为 0.1 mg)进行减重法称量时,因需称量两次,故测量值的绝对误差为 ±0.2 mg。

若使测量结果的 $RE \leqslant \pm 0.1\%$，则称取的量须 $\geqslant 0.2$ g。

《中国药典》规定，化学定量分析结果的准确度要求 $RE \leqslant \pm 0.1\%$。

（三）准确度的影响因素

系统误差和偶然误差都会影响分析结果的准确度。若消除系统误差，分析结果的准确度则主要取决于偶然误差。

真实值

任何测量都存在误差，因而真实值不可能由实际测量得到，只能逼近真实值。真实值一般有 3 类：理论真实值、约定真实值和相对真实值。理论真实值是由理论推导得出的数值，如化学计量关系、标示值等；约定真实值是由国际计量大会定义的单位（国际单位）及我国的法定计量单位，如物质的量的单位、元素的相对原子质量等；相对真实值是指在分析工作中，采用可靠的分析方法和精密的分析仪器，经过不同分析实验室和分析工作人员反复多次测定，并将测得的结果经过统计学方法分析处理后得到的结果，一般可用该标准值代表物质中各组分的真实含量，如基准化学试剂、对照品、标准品等。

二、精密度和偏差

精密度是指平行测量值之间相互接近的程度。精密度反映了测定结果的波动性、分散性和重复性。精密度的高低用偏差来定量衡量。偏差是表示测量值偏离平均值程度的一个参数值。偏差值越小，精密度越高。

（一）偏差的概念

1. 绝对偏差

绝对偏差是指测定值与平均值之差，用 d 表示。它反映了某一个测量值偏离平均值的程度。绝对偏差的数学表达式是：

$$d_i = x_i - \overline{x} \tag{2-4}$$

2. 平均偏差

平均偏差是指绝对偏差的绝对值的算术平均值，用 $\overline{d}$ 表示。它反映了某一组测定值总体偏离平均值的程度。平均偏差的数学表达式是：

$$\overline{d} = \frac{|d_1| + |d_2| + |d_3| + \cdots + |d_n|}{n} \tag{2-5}$$

3. 相对平均偏差

在比较不同组测量值的波动程度时，用平均偏差在平均值中所占的百分率表示，称为相对平均偏差，用符号 $\overline{Rd}$ 表示。相对平均偏差的数学表达式是：

$$\overline{Rd}(\%) = \frac{\overline{d}}{\overline{x}} \times 100\% \tag{2-6}$$

4. 标准偏差（S）

平均偏差和相对平均偏差的计算忽略了个别较大偏差对测量结果波动性的影响，而标

准偏差则突出了大偏差的影响,更加精确地反映了某一组测定值的波动程度。标准偏差的数学表达式是:

$$S = \sqrt{\frac{\sum\limits_{i=1}^{n}(x_i - \overline{x})^2}{n-1}} = \sqrt{\frac{d_1^2 + d_2^2 + d_3^2 + \cdots + d_n^2}{n-1}} \tag{2-7}$$

5. 相对标准偏差(RSD)

在比较两组或几组测量值波动程度的相对大小时,以标准偏差占平均值的百分率表示,称为相对标准偏差。相对标准偏差的数学表达式是:

$$RSD(\%) = \frac{S}{\overline{x}} \times 100\% \tag{2-8}$$

例如,标定某一滴定液的含量,5次测定的结果分别为 0.101 5 mol/L,0.101 2 mol/L,0.102 0 mol/L,0.101 8 mol/L,0.101 1 mol/L。请计算标定结果的平均值、绝对偏差、平均偏差、相对平均偏差、标准偏差、相对标准偏差。

解

(1) 平均值。

$$\overline{x} = \frac{x_1 + x_2 + x_3 + x_4 + x_5}{5} = \frac{0.101\,5 + 0.101\,2 + 0.102\,0 + 0.101\,8 + 0.101\,1}{5}$$
$$= 0.101\,5(\text{mol/L})$$

(2) 绝对偏差。

$$d_1 = x_1 - \overline{x} = 0.101\,5 - 0.101\,5 = 0(\text{mol/L})$$
$$d_2 = x_2 - \overline{x} = 0.101\,2 - 0.101\,5 = -0.000\,3(\text{mol/L})$$
$$d_3 = x_3 - \overline{x} = 0.102\,0 - 0.101\,5 = +0.000\,5(\text{mol/L})$$
$$d_4 = x_4 - \overline{x} = 0.101\,8 - 0.101\,5 = +0.000\,3(\text{mol/L})$$
$$d_5 = x_5 - \overline{x} = 0.101\,1 - 0.101\,5 = -0.000\,4(\text{mol/L})$$

(3) 平均偏差。

$$\overline{d} = \frac{|d_1| + |d_2| + |d_3| + |d_4| + |d_5|}{5}$$
$$= \frac{|0| + |-0.000\,3| + |+0.000\,5| + |+0.000\,3| + |-0.000\,4|}{5}$$
$$= 0.000\,3(\text{mol/L})$$

(4) 相对平均偏差。

$$\overline{Rd}(\%) = \frac{\overline{d}}{\overline{x}} \times 100\% = \frac{0.000\,3}{0.101\,5} \times 100\% = 0.3\%$$

(5) 标准偏差。

$$S = \sqrt{\frac{d_1^2 + d_2^2 + d_3^2 + d_4^2 + d_5^2}{5-1}} = \sqrt{\frac{0 + 0.000\,3^2 + 0.000\,5^2 + 0.000\,3^2 + 0.000\,4^2}{4}}$$
$$= 0.000\,4(\text{mol/L})$$

(6) 相对标准偏差。

$$RSD(\%) = \frac{S}{\overline{x}} \times 100\% = \frac{0.000\,4}{0.101\,5} \times 100\% = 0.4\%$$

（二）偏差的影响因素及分析应用

影响精密度的主要因素为偶然误差。分析结果的精密度常用相对平均偏差表示，不同的检验项目和分析方法对相对平均偏差的要求不尽相同。本教材讨论的滴定分析法（容量分析法）的定量分析结果，除另有规定外，一般要求相对平均偏差 $\overline{Rd} \leqslant 0.3\%$；重量分析法的定量分析结果，除另有规定外，一般要求相对平均偏差 $\overline{Rd} \leqslant 0.5\%$。

实例 2-3　甲、乙、丙、丁 4 个人分别称量同一物品，该物品的真实质量为 10.000 0 g，每人 4 次平行测量的结果如下。4 个人的测量结果你认为哪一个最好？哪一个最差？为什么？

甲：10.000 1 g，10.000 2 g，10.000 0 g，10.000 2 g。

乙：10.015 0 g，10.014 9 g，10.015 1 g，10.015 0 g。

丙：10.005 0 g，9.990 0 g，10.010 0 g，9.995 0 g。

丁：10.026 0 g，9.966 0 g，10.019 0 g，10.005 0 g。

三、准确度和精密度的关系

准确度和精密度的关系可由图 2-1 进行说明，它表示甲、乙、丙、丁 4 位分析者对同一试样每人测量 4 次所得的结果。由图中可见，甲所得结果的准确度与精密度均很高，结果可靠；乙所得结果的精密度虽然很高，但准确度低，可能测量中存在系统误差；丙的平均值虽然也接近真值，但几个数值彼此相差很远，仅仅是由于正、负误差相互抵消才使结果靠近真值，这种情况纯属偶然，不能认为准确度高，其所得结果不可靠；丁的准确度与精密度均低，表明存在较大的偶然误差和系统误差。

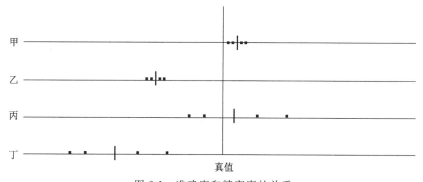

图 2-1　准确度和精密度的关系

由此可见，准确度和精密度是衡量测量结果好坏的两个方面，其中准确度表示分析结果的准确性，精密度表示分析结果的重复性。只有在消除了系统误差的前提下，精密度高的分析结果才可能有较高的准确度。所以，精密度是保证准确度的先决条件。精密度低，所测结果不可信，就失去了衡量准确度的前提。准确度与精密度的差别主要是由于系统误差的存在。

图 2-2 是 3 个学生练习射击后的射击靶图，请用精密度或准确度的概念来评价这 3 个

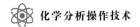
学生的射击成绩。

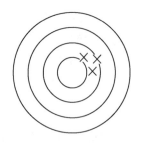 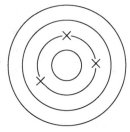 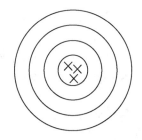

图 2-2　射击成绩分析

四、提高分析结果准确度的方法

（一）选择恰当的分析方法

不同的分析方法，其灵敏度和准确度不同。重量分析法和滴定分析法的灵敏度虽然不高，但对于高含量组分的测定，能得到较准确的结果，相对误差一般为千分之一；对于微量组分的测定，一般测定不出来，更谈不上准确与否了。仪器分析对于微量组分的测定灵敏度高，虽然相对误差较大，但是绝对误差很小，仍能符合准确度的要求。

（二）消除系统误差

根据系统误差的来源不同，可采用校准仪器、做空白试验、做对照试验、做回收试验等方法来检验和消除系统误差。

（三）减免偶然误差

根据偶然误差的特性，增加平行测量次数可减少偶然误差。一般来说，平行测量 3～4 次即可符合要求。

（四）减少测量误差

为了获得准确的分析结果，应当尽量减少各步测量中的误差。天平的绝对误差和容量仪器的刻度误差都是固定的，要使称量和体积测量的相对误差满足实验需要，称取试样量和量取体积就要符合相应的要求，确定合理的试样用量。测量误差的消除有赖于分析人员的实验知识和实验技术的提高。

例如，一般分析天平每次称量的最大不确定值为 ±0.000 1 g，一份试样要称量两次，两次读数导致的最大可能的绝对误差是 ±0.000 2 g。称量的相对误差取决于试样称量的质量 m，可由式(2-3)进行计算：

$$RE(\%) = \frac{\pm 0.000\ 2}{m} \times 100\%$$

可见，试样的质量 m 越大，相对误差越小。一般滴定分析要求相对误差 ≤0.1%，因此，称取质量应 ≥0.2 g。

又如，使用 50 mL 滴定管，每次读数的最大不确定值为 ±0.01 mL，完成一次滴定需两次读数，所以最大可能误差为 ±0.02 mL。同理可证，为满足一般滴定分析的要求（相对误差 ≤0.1%），滴定液的用量应 ≥20 mL。

任务三　有效数字

实例 2-4　用分析天平(分度值为 0.1 mg)称取某物品的质量,称量结果为 1.200 0 g,可以记作 1.2 g 吗? 为什么?

一、认识有效数字

分析检验中的数字分为两类。一类数字为非测量所得的自然数,如测量次数、样品份数、计算中的倍数、标示值(如名义浓度、标示含量)、反应中的化学计量关系等。这类数字不存在误差,没有准确度问题。另一类数字是测量所得,即测量值或数据计算的结果。这类数字存在一定的误差,数字位数的多少与方法的准确度和仪器测量的精度有关。在记录和处理这类数据时,必须遵循有效数字的有关规则。

(一)有效数字的概念

有效数字是指在分析检验中测量得到的具有实际意义的数字。有效数字包括所有准确数字和最后一位欠准数字,而且规定欠准程度为 ± 1 个单位。

例如,有效数字 1.2 g 中,1 g 是准确数字,0.2 g 是欠准数字,欠准程度为 ± 0.1 g,即有效数字 1.2 g 有 ± 0.1 g 的绝对误差。再如,有效数字 1.200 0 g 中,1.200 g 是准确数字,0.000 0 g 是欠准数字,欠准程度为 ± 0.000 1 g,即有效数字 1.200 0 g 有 ± 0.000 1 g 的绝对误差。两者的准确度相差 1 000 倍。

(二)有效数字位数的确定

1. 数字 1～9

在数据中,数字 1～9 均为有效数字,每一个数字均算作一位有效数字。如 7.45 有 3 位有效数字。

2. 数字 0

数字 0 在数据中除表示数值大小外,还有定位的作用。数字 0 用于定位时,不是有效数字,不算作有效数字的位数。一般情况下,0 在数字之前用于定位,不是有效数字;0 在数字中间或后面,是有效数字。如 0.005 4 g 有 2 位有效数字,0.105 0 g 有 4 位有效数字。

3. 百分数

百分数的有效数字位数取决于百分号前的数字,位数的确定方法与上述数字 1～9、数字 0 的确定方法相同。如 90.5% 有 3 位有效数字。

4. 科学记数法

很大或很小的数据,常用科学记数法表示。科学记数法的有效数字位数取决于 10^n 前的数字,位数的确定方法与上述数字 1～9、数字 0 的确定方法相同。如 6.030×10^{-3} 有 4 位有效数字。

5. 对数值

对数值的有效数字位数取决于小数部分数字的位数,而其整数部分的数字只代表底数的幂次。在分析检验中，pH 和 pK 等均为对数值。如 pH＝7.03 和 pK＝4.76 均有 2 位有效数字。

6. 注意

（1）非测量数字的位数可看作无限多位。

在计算中，其有效位数应根据其他数值的最少有效位数而定。

（2）在变换单位时，有效数字的位数不能改变。

如 $1.500×10^{-2}$ L，若改用 mL 为单位，应为 15.00 mL。

（三）有效数字的意义

由有效数字的定义和组成可知，有效数字包含了两个方面的意义。一方面，有效数字的数值反映了测量值的大小；另一方面，有效数字的位数反映了测量值准确度的高低。其中，有效数字的小数位反映了测量值绝对误差的大小，有效数字的位数反映了相对误差的大小。

实例 2-5 写出表 2-2 中有效数字的绝对误差和相对误差，并说明有效数字的小数位和有效数字位数与准确度的关系。

表 2-2 有效数字的绝对误差与相对误差举例

有效数字	10.15	0.101 5	0.015	15
所有准确数字				
最后一位欠准数字				
绝对误差				
相对误差				

实例 2-5 中，有效数字 10.15，0.101 5，0.015，15 的绝对误差分别为 ±0.01，±0.000 1，±0.001，±1；相对误差分别为 ±0.099％，±0.099％，±6.67％，±6.67％。

因此，分析数字的位数应与仪器测量的精度和方法的准确度保持一致。例如，用万分之一分析天平进行称量时，以 g 为单位，天平可以准确称量到小数点后第三位，小数点后第四位为欠准数字，有 ±1 个单位的误差，即 ±0.000 1 g 的误差，故称量值应记录到小数点后第四位。实例 2-4 中，称量结果应记为 1.200 0 g，不能记作 12.2 g，12.20 g，12.200 g，12.200 00 g 等。

二、有效数字的修约

实例 2-6 在烧杯中加入某试剂 2.0 g 和 0.126 3 g，请计算烧杯中试剂的总质量。

在分析测定过程中，一般都要经过几个测量步骤，获得几个位数不同的有效数字。为了既使计算结果与实际测量的准确度保持一致，又避免因位数过多导致计算过繁而浪费时间和引入错误，因此，在运算前，首先要进行有效数字的修约。按一定的规则确定有效数字的位数后（约），弃去多余的尾数（修），称为有效数字的修约。有效数字的修约规则为：

（一）四舍六入五成双

确定有效数字的位数后，找到多余尾数的第一位数字。如将 1.263 83 修约为 3 位有效数字时，从第一位开始数到第三位，则 1.26 后面的数字 0.003 83 即为多余的尾数，尾数第一位数字为 3。

1. 四舍

若多余尾数的第一位数字≤4，则不管后面的数字是多少应弃去。如 1.263 83 修约成 3 位有效数字为 1.26。

2. 六入

若多余尾数的第一位数字≥6，则进 1。如 1.148 01 修约成 3 位有效数字为 1.15。

3. 五成双

若多余尾数的第一位数字为 5，应先看 5 的后面有无数字。若 5 的后面没有数字或全部为 0 时，此时再看 5 前面的数字，前面的数字为奇数时，进 1 使其成偶数；前面的数字为偶数时，则弃去。若 5 的后面有数字，不管 5 的前面是奇数还是偶数，都进 1。

（二）禁止分次修约

只允许对原有效数字一次修约到所需位数，不能分次修约。如将 4.214 8 修约至 3 位，正确修约为 4.21，而不能 4.214 8→4.215→4.22。

（三）误差与偏差的修约

在修约表示准确度和精密度的数值时，修约的结果应使准确度和精密度变得更差一些，即"只进不舍"。如 $S=0.124$，若取 2 位有效数字，应修约为 0.13；若取 1 位有效数字，应修约为 0.2。

三、有效数字的运算

在进行有效数字的运算时，首先根据测量值之间、计算结果与测量值之间准确度一致的原则，确定各有效数字保留的位数；然后根据修约规则对各有效数字进行修约；最后进行运算，得出运算结果。有效数字的运算规则如下：

（一）加减法

1. 位数的确定

以小数点后位数最少（绝对误差最大）的数值为准，其他数值修约为相同的小数位，使计算结果的绝对误差与此数值的绝对误差相当，即保留最少的小数位。

实例 2-6 中，由有效数字的组成可知，有效数字 2.0 有±0.1 的绝对误差，有效数字 0.126 3 的绝对误差±0.000 1 已在±0.1 的范围之内。因此，应以 2.0 为准，均保留 1 位小数。

2. 修约与运算

为避免误差快速累计，修约时多保留 1 位小数，但结果仍保留规定的小数位数。

实例 2-6 中，把 0.126 3 修约成 0.13，计算如下：

$$2.0+0.126\ 3 \longrightarrow 2.0+0.13 \longrightarrow 2.1$$

（二）乘除法

1. 位数的确定

以有效数字位数最少（相对误差最大）的数值为准，其他数值修约成相同的有效数字位数，使计算结果的相对误差与此数值的相对误差相当，即保留最少的有效数字位数。

例如，计算 $0.060\,5 \times 5.103\,501 \div 0.131\,65$ 时，均应保留 3 位有效数字。

2. 修约与运算

为避免误差快速累计，修约时多保留 1 位有效数字，但结果仍保留规定的位数。

例如，$0.060\,5 \times 5.103\,501 \div 0.131\,65 \longrightarrow 0.060\,5 \times 5.103 \div 0.131\,6 \longrightarrow 2.42$

若用计算器运算时，可先不修约，但要求正确保留最后结果的有效数字位数。

✏️ **讨论互动**

根据有效数字的运算规则，计算下列各题。

① $312.64 + 3.4 + 0.323\,4 = $ _____。

② $0.032\,5 \times 5.103 \times 60.06 \div 139.8 = $ _____。

③ $2.187 \times 0.864 + 9.6 \times 10^{-4} - 0.032\,6 \times 0.008\,00 = $ _____。

参考答案：316.4，0.071 3，1.89。

四、有效数字在药品检验中的应用

1. 正确记录测量数据

在分析检验中，记录的测量数据的准确度应与仪器的测量精度保持一致。例如，使用万分之一分析天平称量时，以 g 为单位，应记录到小数点后第四位；使用滴定管、移液管、容量瓶记录的溶液体积时，以 mL 为单位，应记录到小数点后第二位。例如，使用 20 mL 移液管量取溶液时，移取液体的体积应记为 20.00 mL。

2. 正确掌握和运用有效数字的规则

不论使用何种方法进行计算，都必须遵守有效数字的修约规则和运算规则。如果用计算器进行计算，也应将计算结果经修约后再记录下来。

3. 选用准确度适当的仪器

取用量的精确度未有特殊规定时，根据有效数字的位数，在测定时选用适当的仪器。例如，量取溶液 50 mL，选用 50 mL 的量筒即可；量取溶液 20.00 mL，则必须选用 20 mL 移液管。称量 2.0 g，选用托盘天平即可；称量 2.000 0 g，则须选用万分之一分析天平。

4. 正确表示分析结果

分析检验中，分析结果的准确度应与测量数据的准确度保持一致。例如，用同样的方法分析某样品时，均称取 0.200 0 g，若第一份报告含量为 16.0%，第二份报告含量为 16.00%，则第二份报告的结果表示是正确的。

目标检测

一、填一填

1. 在定量分析中，根据误差的性质和产生的原因，可将误差分为 _____、_____。

根据系统误差产生的原因,可将其分为_____、_____、_____、_____。

2. 准确度常用_____来衡量,精密度常用_____来衡量。《中国药典》规定,化学定量分析结果的精密度常用_____表示,其要求为_____。

3. 有效数字包括所有_____和最后一位_____两部分。

4. 正态分布曲线反映出_____误差的规律性。即大误差出现的概率_____,小误差出现的概率_____;绝对值相等的正、负误差出现的概率大体相等,它们之间常能部分或完全抵消。因此,可以采取_____方法来减免偶然误差。

5. 有效数字的位数反映了测量值_____的高低。其中,有效数字的小数位反映了测量值_____的大小,有效数字的位数反映了_____的大小。

二、选一选

1. 重量分析中,杂质与被测组分共沉淀或沉淀不完全引起的误差为(　　)。
   A. 操作误差　　　B. 偶然误差　　　C. 方法误差　　　D. 试剂误差

2. 用分析天平称量时,电压不稳定引起的误差为(　　)。
   A. 仪器误差　　　B. 方法误差　　　C. 偶然误差　　　D. 操作误差

3. 下列哪种方法不能用于消除减系统误差(　　)。
   A. 空白试验　　　　　　　　　B. 校正仪器
   C. 增加平行测定次数,取平均值　　D. 对照试验

4. 有效数字 0.204 0,90.00%,pH=6.12 的有效数字位数分别为(　　)。
   A. 5,2,3　　　B. 4,4,3　　　C. 4,4,2　　　D. 5,4,2

5. 以下关于偏差的叙述正确的是(　　)。
   A. 测量值与真实值之差　　　　B. 测量值与平均值之差
   C. 操作不符合要求所造成的误差　　D. 由于不恰当分析方法造成的误差

6. 提高分析准确度的方法,以下描述正确的是(　　)。
   A. 增加平行测定次数可以减小系统误差
   B. 做空白试验可以估算出试剂不纯带来的误差
   C. 对照试验可以判断分析过程是否存在偶然误差
   D. 通过对仪器进行校准减免偶然误差

7. 空白试验能减小(　　)。
   A. 偶然误差　　　B. 仪器误差　　　C. 方法误差　　　D. 试剂误差

8. 用 25 mL 移液管移出的体积应记为(　　)。
   A. 25 mL　　　B. 25.0 mL　　　C. 25.00 mL　　　D. 25.000 mL

9. 在药物分析中,精密称取 0.12 g 药品,下面哪个数据是正确的(　　)。
   A. 0.12 g　　　B. 0.123 g　　　C. 0.124 5 g　　　D. 0.124 78 g

10. 用有效数字规则对 $\dfrac{51.38}{8.709 \times 0.012\,00} \times \dfrac{1}{2}$ 进行计算,结果为(　　)。
    A. 245.80　　　B. 2×10^2　　　C. 2.5×10^2　　　D. 2.458×10^2

三、判一判

1. 在滴定分析中,分析结果的相对平均偏差一般要求<0.2%。　　　　　　　(　　)

2. 测量结果的精密度高,准确度一定高。　　　　　　　　　　　　　　　(　　)

3. 0.010 6,1.80×10^5,pH＝7.05 都是 3 位有效数字。 （　　）

4. 不同质量的物质称量的绝对误差相等时,相对误差也相等,准确度也一样。 （　　）

四、算一算

1. 将下列数字修约为 4 位有效数字。

12.645,20.455,3.188 4,8.535 2,3.846 0,15.864 5,5.864 51,42.635,0.002 204 51,65.405％。

2. 根据有效数字的运算规则,计算下列各题。

① 213.84＋4.4＋0.324 4＝_____。

② 13.531 2×0.018×4 700＝_____。

③ $\dfrac{4.52×2.10×15.04}{6.15×104}$＝_____。

④ 2.187×0.864＋9.6×10^{-4}－0.032 6×0.008 00＝_____。

⑤ c_{OH^-}＝0.065 mol/L,pH＝_____。

3. 对某一试样中的锌含量做 2 组平行测量,测定结果如下。请分析哪一组测定结果的精密度高。

第一组:57.45％,57.50％,57.20％,57.25％,57.30％。

第二组:57.40％,57.55％,57.15％,57.30％,57.30％。

4. 滴定管的读数误差为±0.02 mL,如果滴定时消耗滴定液 2.50 mL,相对误差是多少? 如果消耗 25.00 mL,相对误差又是多少? 这些数值说明了什么问题? (参考答案:±0.8％,±0.08％,略)

5. 标定盐酸溶液的浓度,3 次平行操作的结果分别为 0.112 5 mol/L,0.113 0 mol/L,0.112 0 mol/L。请计算平均浓度、平均偏差、相对平均偏差、标准偏差和相对标准偏差。(参考答案:0.112 5 mol/L,0.000 3 mol/L,0.3％,0.000 5 mol/L,0.44％)

五、想一想

1. 系统误差和偶然误差分别具有什么性质? 如何消除或减免?

2. 什么是准确度和精密度? 它们的关系是什么?

3. 有效数字的修约规则是什么? 运算规则是什么?

4. 在分析检验中,记录测量数据和表示计算结果的原则是什么?

项目三　分析天平的基本操作

【知识目标】

1. 掌握分析天平的称量过程、称量方法。
2. 熟悉分析天平的使用规则、保养及维护。
3. 了解分析天平的分类、托盘天平和电子天平的称量原理。

【技能目标】

会用直接称量法、递减称量法和固定质量称量法进行试样的称量。

任务一　认识分析天平

实例3-1　图 3-1 是药品检验中经常使用的分析天平,你认识哪几种? 它们有什么不同?

图 3-1　分析检验中经常使用的天平

分析天平是分析检验中用于称取质量的仪器,是分析化学实验中最重要、最常用的仪器之一。分析天平广泛应用于分析检验中,其称量结果的准确性对分析结果的准确性具有直接、重大的影响。熟悉分析天平的称量原理和分类,了解分析天平的结构和性能,掌握正确的称量方法,对实验员、质检员、中药调剂员等从事分析检验岗位的人员具有极其重要的意义。通常所说的分析天平是指最大秤量在 200 g 以下、灵敏度高、误差小的天平。

一、天平的分类

天平的分类方法有很多,如按天平的结构、用途、准确度、分度值等分类。目前,分析天平的种类越来越多,精密度越来越高。

(一)按天平的结构分类

根据分析天平的称量原理和结构不同,分析天平可分为机械天平和电子天平两大类,如图 3-2 所示。

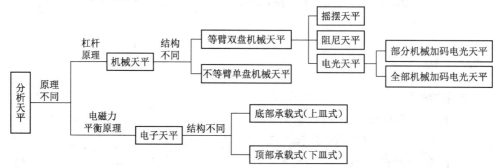

图 3-2　分析天平根据称量原理和结构不同分类图

1. 机械天平

机械天平是以杠杆原理为基础设计制造的。机械天平根据结构不同可分为等臂双盘机械天平和不等臂单盘机械天平两大类。等臂双盘机械天平又分为摇摆天平、阻尼天平和电光天平。其中,电光天平包括部分机械加码电光天平和全部机械加码电光天平。

目前,电光天平都具有机械加码、空气阻尼、光学读数等装置。机械天平因操作烦琐、费时,现已基本淘汰。

2. 电子天平

电子天平是以电磁力平衡原理为基础设计制造的。电子天平根据结构不同可分为底部承载式(上皿式)和顶部承载式(下皿式)。

电子天平自动化程度高,既有自动调零、自动校准、数字显示、自动扣皮、自动计算和数据打印等功能,又可与计算机连接,发展迅速。

(二)按天平的用途分类

天平按用途可分为检定天平、分析天平、精密天平和普通天平。

1. 检定天平

计量部门、商检部门、其他有关部门或工厂专门用来检查或校准砝码的天平。

2. 分析天平

用于化学分析和物质精确衡量的高准确度天平。在大多数情况下,这类天平的最小分度值都小于最大秤量的 10^{-5}。

3. 精密天平

广泛应用于各种物质的精密衡量,其最小分度值通常为最大秤量的 $10^{-5} \sim 10^{-4}$。

4. 普通天平

用作物质的一般衡量,其最小分度值大于或等于最大秤量的 10^{-4}。

(三) 按天平的准确度分类

1. 机械天平分级

我国现行的国家计量检定规程 JJG 98—2006《机械天平检定规程》,按照天平的计量性能要求,将机械天平的准确度级别分为特种准确度级(符号为①)和高准确度级(符号为⑪),见表3-1。

表 3-1 天平准确度级别与 e、n 的关系

准确度级别	检定分度值 e	检定分度数 n		最小秤量
		最小	最大	
特种准确度级 ①	$e \leqslant 5\ \mu g$	1×10^{3}	不限制	$100e$
	$10\ \mu g \leqslant e \leqslant 500\ \mu g$	5×10^{4}		
	$1\ mg \leqslant e$	5×10^{4}		
高准确度级 ⑪	$e \leqslant 50\ mg$	1×10^{2}	1×10^{5}	$20e$
	$0.1\ g \leqslant e$	5×10^{3}	1×10^{5}	$50e$

属于①级和⑪级的机械杠杆式天平,按检定分度数 n,细分为 10 个级别,见表 3-2。

表 3-2 各天平的准确度级别

准确度级别符号	标定分度数 n	准确度级别符号	标定分度数 n
①₁	$1 \times 10^{7} \leqslant n$	①₆	$2 \times 10^{5} \leqslant n < 5 \times 10^{5}$
①₂	$5 \times 10^{6} \leqslant n < 1 \times 10^{7}$	①₇	$1 \times 10^{5} \leqslant n < 2 \times 10^{5}$
①₃	$2 \times 10^{6} \leqslant n < 5 \times 10^{6}$	⑪₈	$5 \times 10^{4} \leqslant n < 1 \times 10^{5}$
①₄	$1 \times 10^{6} \leqslant n < 2 \times 10^{6}$	⑪₉	$2 \times 10^{4} \leqslant n < 5 \times 10^{4}$
①₅	$5 \times 10^{5} \leqslant n < 1 \times 10^{6}$	⑪₁₀	$1 \times 10^{4} \leqslant n < 2 \times 10^{4}$

 知识链接

天平的分度值在天平计量性能要求上的定义

检定分度数(n):最大秤量(m_{max})与检定分度值(e)之比,即 $n = m_{max}/e$。其值的大小反映了天平称量的准确性及使用范围。

实际分度值(d):相邻两个示值之差。

检定分度值(e):用于划分天平级别与进行计量检定的以质量单位表示的值。检定分度值由生产厂根据表 3-1 的要求选定($d \leqslant e \leqslant 10d$)。

检定分度值是衡器的一个重要参数,用于衡器分级和检定。以质量单位表示的值,其表示方法与分度值相同。如果衡器的检定分度值与分度值不相等,则检定分度值必须出现在衡器上比较显著的位置。

2. 电子天平分级

我国现行的国家计量检定规程 JJG 1036—2008《电子天平检定规程》，将电子天平的准确度级别分为特种准确度级（符号为①）、高准确度级（符号为Ⅱ）、中准确度级（符号为Ⅲ）和普通准确度级（符号为Ⅲ），见表 3-3。对于电子天平，我国目前暂不细分天平的级别，但使用时必须指出天平的最大秤量（m_{max}）和天平的检定分度值（d）。

表 3-3　天平准确度级别与 e、n 的关系

准确度级别	检定分度值 e	检定分度数 n		最小秤量
		最小	最大	
特种准确度级 ①	$1\ \mu g \leqslant e < 1\ mg$	可小于 5×10^4	不限制	$100e$
	$1\ mg \leqslant e$	5×10^4		
高准确度级 Ⅱ	$1\ mg \leqslant e \leqslant 50\ mg$	1×10^2	1×10^5	$20e$
	$0.1\ g \leqslant e$	5×10^3	1×10^5	$50e$
中准确度级 Ⅲ	$0.1\ g \leqslant e \leqslant 2\ g$	1×10^2	1×10^4	$20e$
	$5\ g \leqslant e$	5×10^2	1×10^4	$20e$
普通准确度级 Ⅲ	$5\ g \leqslant e$	1×10^2	1×10^3	$10e$

注：在上表的最后一列中，除 $e < 1\ mg$ 的①级天平外，其余用 d 代替 e 计算最小秤量。

比如，最大秤量为 2 000 g，最小读数为 0.01 g 的电子天平，其 $m_{max} = 2\ 000\ g$，$d = 0.01\ g$，也就是说 $e = 10d = 0.1\ g$，$n = 2\ 000/0.1 = 20\ 000$。对照表 3-3 可以得出，该天平为Ⅱ级天平，也就是高准度天平。

（四）按天平的分度值分类

分析天平按分度值大小分为常量天平（0.1 mg）、半微量天平（0.01 mg）、微量天平（0.001 g）。

选用分析天平时，不仅要注意分析天平的精度级别，还必须注意其最大载荷，即同时注意它的名义分度值和最大载荷。

二、电子天平的基本构造及称量原理

（一）电子天平的基本构造

电子天平的基本构造如图 3-3、图 3-4、图 3-5 所示（以 Mettler Toledo 品牌的 LE204E 型电子天平为例）。

1—面板；2—秤盘；3—防风罩；4—顶门；
5—侧门；6—水平调节脚。

图 3-3　LE204E 型电子天平

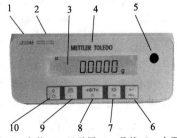

1—型号；2—参数；3—显示屏；4—品牌；5—水平指示器；
6—菜单键；7—校正键；8—置零/去皮；9—打印键；10—取消。

图 3-4　LE204E 型电子天平面板

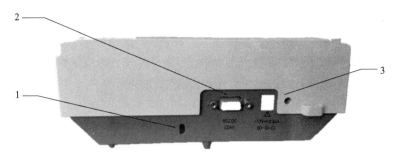

1—防盗装置连接点；2—RS232C 串行接口；3—电源插口。

图 3-5　LE204E 型电子天平背面底部

(二) 电子天平的称量原理

电子天平是基于电磁力平衡原理设计制造的。它应用了现代微电子技术和高精度传感技术，利用电子装置完成电磁力补偿的调节。

称量前，电子天平能记忆空载时示位器的平衡位置并自动保持这一位置。此时，天平显示"0.000 0 g"。当秤盘上加载物品后，示位器发生位移并接通补偿线圈，产生与物品质量大小成正比的电流，计算器计算冲击脉冲，产生垂直的力作用于秤盘上，使示位器准确地回到原来的平衡位置，天平自动显示出物品的质量数值。

三、电子天平的特点

（1）电子天平的支承点采用弹簧片代替机械天平的玛瑙刀口，用差动变压器取代升降枢装置，用数字显示方式代替指针刻度式指示，因此，具有使用寿命长、性能稳定、灵敏度高、操作方便等特点。

（2）电子天平采用电磁力平衡原理制造，称量全程不需要砝码。放上称量物后，电子天平在几秒钟内即可达到平衡，直接显示读数，具有称量速度快、精度高等特点。

（3）有的电子天平具有称量范围和读数精度可变的功能，可以一机多用。

（4）分析天平及半微量电子天平一般具有内部校正功能。天平内部装有标准砝码，使用校准功能时，标准砝码被启用，天平的微处理器将标准砝码的质量值作为校准标准，以获得正确的称量数据。

（5）电子天平是高智能化的仪器，可在全量程范围内实现去皮重、累加、超载显示、故障报警等功能。

（6）电子天平具有质量电信号输出功能，可以连接打印机、计算机，实现称量、记录和计算的自动化。同时，也可以在生产、科研中作为称量、检测的手段及组成各种新仪器。

电子天平所具有的优越性能使它在分析化学实验中的应用越来越广泛，故本教材着重介绍电子天平的使用。

四、电子天平的计量性能

电子天平的计量性能指标包括稳定性、灵敏性、正确性和示值变动性。

(一) 稳定性

电子天平的稳定性是指天平在受到扰动后，能够自动回到初始平衡位置的能力。对于电子天平来说,其平衡位置总是通过模拟指示或数字指示的示值来表现,所以,一旦对电子天平施加某一瞬时的干扰,虽然其示值发生了变化,但干扰消除后,天平又能恢复到原来的示值,则我们称该电子天平是稳定的。一台电子天平,其天平的稳定性是天平可以使用的首要判定条件,不具备天平稳定性的电子天平根本不能使用。

(二)灵敏性

电子天平的灵敏性是指天平能觉察出放在天平衡量盘上的物体质量改变量的能力。电子天平的灵敏性可以通过角灵敏度、线灵敏度、分度灵敏度和数字灵敏度来表示,其中最常用的是分度灵敏度和数字灵敏度。天平能觉察出来的质量改变量越小,说明天平越灵敏。可见,对于电子天平来说,天平的灵敏度依然是判定天平优劣的重要性能之一。

(三)正确性

电子天平的正确性即天平示值的正确性,表示天平示值接近真实值的能力。从误差角度来看,天平的正确性可反映天平示值的系统误差大小的程度。

(四)示值变动性

示值变动性是指天平在相同条件下,多次测定同一物体,所得测定结果的一致程度。对于电子天平来说,依然有天平示值的不变性。例如,对电子天平重复性、再现性的控制;对电子天平零位及回零误差的控制;对电子天平空载或加载时,电子天平在规定时间的电子天平示值漂移的控制。

任务二　托盘天平的基本操作

托盘天平是机械天平中常用的一种,依据杠杆原理制成。其准确度不高,常用于粗略称量。托盘天平的准确度一般为 0.1 g 或 0.2 g;载荷有 100 g,200 g,500 g,1 000 g 等。其构造如图 3-6 所示。

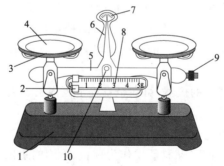

1—底座;2—游码;3—托盘架;4—托盘;5—横梁;6—指针;7—分读盘;8—标尺;9—平衡螺母;10—支点。

图 3-6　托盘天平的构造

托盘天平的基本操作为:

一、调零

将天平放置在水平位置,游码归零,检查指针是否指在刻度盘中心线位置,若在,则表示天平处于平衡;若不在,可调节平衡螺丝。当指针在刻度盘中心线左右等距离摆动时,表示天平的零点已调好,可正常使用。

二、称量

左盘放被称物,右盘放砝码。被称物放置在左盘后,用镊子向右盘先加大砝码,再加小砝码,5 g 以内时一般通过游码来添加,直至指针在刻度盘中心线左右等距离摆动(允许偏差在 1 小格以内)。

三、读数

砝码加游码的质量就是被称物的质量。

四、注意

托盘天平不能称量热的物品,称量物一般不能直接放在托盘上。要根据称量物的性质和要求,将称量物置于称量纸、表面皿上或其他容器中。取、放砝码应用镊子,不能用手拿;砝码不得放在托盘和砝码盒以外的其他任何地方。称量完毕后,应将砝码放回原砝码盒,并使天平复原。

五、保养

托盘天平及砝码用软毛刷拂抹清洁,并保持干燥;在使用期间每隔 3~12 个月必须检查一次计量性能,以防失准;发现托盘天平损坏和不准时,送有关部门检修。另外,还应注意加载或去载时避免冲击。称量质量不得超过核载质量,以免横梁断裂。

 知识链接

《中国药典》中有关称量的规定

1. 称取的量

均以阿拉伯数字表示,其精确度可根据数值的有效数位来确定。例如:

称取 0.1 g,系指称取质量可为 0.06~1.05 g;

称取 2 g,系指称取质量可为 1.5~2.5 g;

称取 2.0 g,系指称取质量可为 1.95~2.05 g;

称取 2.00 g,系指称取质量可为 1.995~2.005 g。

2. 称量范围

取用量为约、若干时,系指取用量不得超过规定量的 $\pm10\%$。

3. 称量准确度

(1) 精密称定系指称取质量应准确到所取质量的千分之一。

(2) 称定系指称取质量应准确到所取质量的百分之一。

分析天平的称量技术是分析检验中最基本、最重要的操作技术。

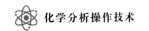

任务三　电子天平的基本操作

电子分析天平是精密仪器,使用时要认真、仔细,遵守分析天平使用规则,做到快速、准确和规范。

一、电子天平的使用方法

电子天平的型号很多,其基本使用方法如下:

(一) 称量前的准备工作

1. 检查准备

取下天平罩,叠好后放在一旁。检查托盘是否干净,如否,应用天平特配的软毛刷轻轻拂去。

2. 调节水平

观察水平仪,如果水平仪内的水泡偏移,需调整地脚螺栓的高度,使水泡正好位于水平仪的中心。

3. 预热

称量前接通电源,在初次接通电源或长时间断电后,至少预热 30 min。实验期间一般不用切断电源,使用时可省去预热时间。

4. 开机自检

按下天平的"ON/OFF"键,接通显示器。开机后,电子称量系统自动实现自检功能。当显示器显示"0.000 0 g"时,自检过程结束。

5. 校正

当天平长时间没有使用、搬动或碰撞时,应当进行校正。在显示器出现"0.000 0 g"时,按下"CAL"键,电子天平自动执行校正程序。

(二) 称量

1. 称量

按下"TARE"键,除皮清零,显示"0.000 0 g"后,置被称物于托盘上。关上天平门,待显示器出现数字稳定标识后,显示数字即为被称物质的质量。

2. 去皮称量

按"TARE"键清零,置容器于托盘上,天平显示容器的质量。再次按"TARE"键,显示"0.000 0 g",即去皮。置被称物于容器中,或将被称物逐步加入容器中,直至所加物品达到所需质量,待数据稳定标志出现后,这时显示的数字就是被称物质的净质量。将托盘上的所有物品拿开后,天平显示负值,按"TARE"键,天平显示 0.000 0 g。

3. 称量后的整理工作

将物品从秤盘上拿下,按要求摆放或处理。按"ON/OFF"键,关机,天平处于待机状态。长期不用时,切断电源。清洁天平,检查干燥剂,罩上天平罩。填写使用登记,整理台面及环境卫生。

二、电子天平的使用注意事项及维护与保养

电子天平与传统的杠杆天平相比,称量原理差别较大,必须正确使用才能获得准确的称量结果。使用者必须了解其称量特点,注意维护和保养。

(一)注意事项

(1)电子天平在安装后第一次使用前,必不可少的一个环节是校准。因存放时间长、位置移动、环境变化或为获得精确测量,一般也应进行校准操作。电子天平采用的是内校准(有的天平采用外校准),故使用电子天平时不需校准。

(2)电子天平开机后要预热较长一段时间(至少 30 min)才能进行正式称量。

(3)开关电子天平的侧门放、取被称物时,动作要轻、慢、稳,切不可用力过猛、过快,以免损坏电子天平。电子天平的前门供安装、检修和清洁使用,通常不打开。

(4)电子天平的稳定性监测器是用来确定天平摆动消失及机械系统静止程度的器件。当稳定性监测器达到要求的稳定性时,显示器会出现提示标识,此时方可读取称量值。

(5)读取称量读数时,要关好天平门。称量读数要立即记录在实验记录本中。

(6)严禁将试剂直接放在秤盘上称量。挥发性、腐蚀性试剂必须装在密闭容器内进行称量。

(7)对于热的或过冷的被称物,应置于干燥器中,直至其温度同天平室内温度一致后才能进行称量。

(8)使用时,严禁超过电子天平的最大载重量,避免损坏电子天平。

(9)如果发现电子天平不正常,应及时报告教师或实验室工作人员,不得擅自处理。称量完成后,应及时对电子天平进行清理并在电子天平使用登记本上登记。

(二)维护与保养

电子天平是一种比较精密的仪器,使用时应注意维护和保养:

(1)电子天平应放在清洁、稳定的环境中,以保证测量的准确性。勿放在通风、有磁场或产生磁场的设备附近。勿在温度度变化大、有震动或存在腐蚀性气体的环境中使用。

(2)注意保持电子天平托盘和天平室安全、整洁和干燥,以保证电子天平的准确性。通常在天平箱内放置变色硅胶(干燥剂),当变色硅胶失效后应及时更换。

(3)较长时间不使用的电子天平应该隔一段时间通电一次,以保持电子元器件干燥,特别是湿度大时更应经常通电。

(4)电子天平应一直保持通电状态,不使用时将"ON/OFF"键调至待机状态,可延长电子天平的使用寿命。

三、电子天平的称量方法

根据所称量的物质的性质和分析要求,常用的电子天平的称量方法有直接称量法、固定质量称量法和递减称量法。

(一)直接称量法

1. 方法及适用范围

直接称量法是指使用分析天平直接准确称取物品质量的方法,简称直接法。直接称量

法适用于称量洁净、干燥的器皿,性质稳定的物质。

2. **流程**

直接称量法的流程如图 3-7 所示。

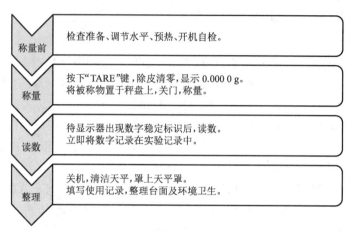

| 称量前 | 检查准备、调节水平、预热、开机自检。 |

| 称量 | 按下"TARE"键,除皮清零,显示 0.000 0 g。将被称物置于秤盘上,关门,称量。 |

| 读数 | 待显示器出现数字稳定标识后,读数。立即将数字记录在实验记录中。 |

| 整理 | 关机,清洁天平,罩上天平罩。填写使用记录,整理台面及环境卫生。 |

图 3-7　直接称量法的流程

3. **特别提示**

除皮清零和读数等操作,一定记得关闭天平门。

(二)固定质量称量法

1. **方法及适用范围**

固定质量称量法是在干燥、洁净的容器中直接加入固定质量试剂的称量方法,又称加重法。该法用于称量指定质量的试剂,一次只能称量一份试剂。该法适用于称量不易吸湿、在空气中性质稳定的粉末状、丝状或片状试剂。

2. **流程**

固定质量称量法的流程如图 3-8 所示。

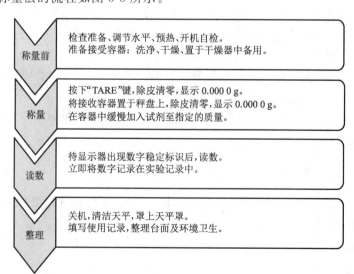

| 称量前 | 检查准备、调节水平、预热、开机自检。准备接受容器:洗净、干燥、置于干燥器中备用。 |

| 称量 | 按下"TARE"键,除皮清零,显示 0.000 0 g。将接收容器置于秤盘上,除皮清零,显示 0.000 0 g。在容器中缓慢加入试剂至指定的质量。 |

| 读数 | 待显示器出现数字稳定标识后,读数。立即将数字记录在实验记录中。 |

| 整理 | 关机,清洁天平,罩上天平罩。填写使用记录,整理台面及环境卫生。 |

图 3-8　固定质量称量法的流程

3. 特别提示

操作时,用药匙取试样且轻轻振动,使之慢慢地落在接收容器中,不能将试剂散落于称量瓶和容器以外的地方。取出的多余试剂应弃去,不要放回原试剂瓶中。

(三)递减称量法

1. 方法及适用范围

递减称量法又称减重法、差减法,是利用两次称量之差,求得一份或多份样品质量的方法。减重称量法称量前不必调整零点,称量快速、准确,是最常用的称量方法。递减称量法用于称量一定质量范围内的试剂,其样品主要为易吸湿、易挥发、易氧化及易与二氧化碳反应等在空气中性质不稳定的物质。

递减称量法的优点是称量过程中供试品与空气接触时间短;缺点是操作复杂,步骤多,容易加过量。

递减法不宜称取固定质量的试剂。

2. 方法流程

递减称量法的流程如图 3-9 所示。

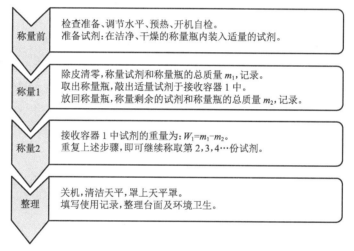

图 3-9　递减称量法

3. 特别提示

(1)称量时,所用的称量瓶或其他仪器均需事前洗净、烘干,备用。

(2)使用称量瓶时,不能用手直接拿取,需用洁净的纸条套住称量瓶,左手捏住纸条尾部,如图 3-10 所示。也可戴上清洁的细纱手套,以防沾污称量瓶。

(3)称量每份试剂前,根据减去试剂前的质量和规定称取试剂的质量,计算减去试剂后的质量范围。

(4)敲出试剂的操作:在接受容器上方打开瓶盖,用瓶盖轻轻敲击瓶口上方,边敲击边倾斜瓶身,通过振动使称量瓶中的试剂直接落在接收容器中。停止倒出试剂时,应一边敲击瓶口,一边直立,使瓶口的试剂返回称量瓶内或者落在接收容器中,

图 3-10　敲出试剂的操作

然后盖好瓶盖,将称量瓶放回秤盘,观察天平的显示值是否在计算的规定范围之内。若相差较远,下次减去试剂的量可稍多一些;若相差较近,下次减去试剂的量应少一些,直至减去试剂后的质量落在计算的规定范围之内。

任务四　分析天平的称量实训

实训一　分析天平称量练习

一、实训任务

精密称定约 0.3 g 的氯化钠。

二、实训目的

1. 练习电子天平的基本操作及固定质量称量法。

2. 会规范记录原始数据。

三、实训用品

分析天平(200/0.000 1 g)、氯化钠。

四、实训方案

1. 开机:水平调节,取下仪器罩,轻按"ON/OFF"键,开启天平称量模式,显示"0.000 0 g"。为节省时间,学生实验用的电子天平已由实验室工作人员完成校准并接通电源预热。

2. 去皮:置称量纸于秤盘上,显示出称量纸的质量后,轻按"TARE"键,随即显示"0.000 0 g",此时称量纸的质量已去除,即去皮重。

3. 称量:用试剂勺轻轻将试剂置于称量纸中,称取所需要的量。试剂不可掉在容器或称量纸外。记录称量结果 W_1。将试剂倒入接收容器后,将称量纸再次放于秤盘上,关天平门,记录读数 W_2。则(接收器容器中)称量的试剂质量 $W = W_1 - W_2$。

4. 关机:移去称量容器或称量纸,轻按"OFF"键,显示器熄灭,清扫电子天平。

5. 登记整理:登记仪器使用记录,整理台面及环境卫生。

6. 上交实训报告。

五、实训结果

将实训结果填入表 3-4 中。

表 3-4　分析天平称量练习结果

序号	W_1/g	残留质量 W_2/g	样品质量($W_1 - W_2$)/g
1			
2			
3			

实训二　递减称量法方案设计

一、实训任务

称取 0.4～0.6g 氯化钠试样 3 份。分组讨论,用递减法设计实训方案。

二、实训目的

1. 练习电子天平的基本操作及递减称量法。

2. 会规范记录原始数据。

三、实训用品

将实训所需的用品填入表 3-5 中。

表 3-5 实训用品

序号	仪器名称	规格型号	用途
1			
2			
...			

四、实训方案设计

将实训方案设计的内容填入表 3-6 中。

表 3-6 实训方案设计的内容

序号	操作内容
1	
2	
...	

五、实训结果

分组设计原始记录。

目标检测

一、选一选

1. 根据机械天平检定分度数的不同,可将分析天平细分为(　　)。

　　A. 10 级　　　　　B. 4 级　　　　　C. 5 级　　　　　D. 3 级

2. 分析天平减重法称量时,没有调节天平的零点,这样操作对称量结果的影响是(　　)。

　　A. 无影响　　　　B. 有影响　　　　C. 结果偏高　　　D. 结果偏低

3. 用于调节电子天平水平的部件为(　　)。

　　A. "TARE"键　　B. 地脚螺丝　　　C. "CAL"键　　　D. 水平仪

4. 精密称定无水碳酸钠适合采用的称量方法是(　　)。

　　A. 直接称量法　　　　　　　　　B. 递减法

　　C. 固定质量称量法　　　　　　　D. 减重法

5. "取干燥至恒重的基准重铬酸钾约 0.2 g,精密称定"应如何选择天平(　　)。

　　A. 百分之一　　　B. 千分之一　　　C. 万分之一　　　D. 十万分之一

6. 天平称量前不需进行清零的方法有(　　)。

　　A. 直接称量法　　B. 递减法　　　　C. 固定质量称量法　　D. 加重法

7. 下列哪一项不是分析天平常用的称量方法（　　）。

    A. 直接称量法　　　　B. 递减法　　　　　C. 比重瓶法　　　　　D. 加重法

二、判一判

1. 加重法称量前不需要调节天平零点。　　　　　　　　　　　　　　　　（　　）

2. 减重法使用称量瓶时，可直接用手拿称量瓶。　　　　　　　　　　　（　　）

3. 选用分析天平时，不仅要注意分析天平的精度级别，还必须注意其最大载荷。

                                                    （　　）

三、想一想

1. 分析天平的称量方法有几种？分别适用于哪些情况？各有何特点？

2. 能否用直接称量法准确称量氢氧化钠？为什么？

3. 为什么减重称量法可以准确称取空气中性质不稳定的试样？

项目四　常用玻璃仪器的基本操作

【知识目标】

1. 掌握移液管、容量瓶、滴定管的用途和使用方法。
2. 熟悉移液管、容量瓶、滴定管的校正方法。
3. 了解常用玻璃仪器的分类、洗涤和干燥方法，以及常用的校正方法。

【技能目标】

1. 会洗涤移液管、滴定管、容量瓶等滴定分析仪器。
2. 会正确判断滴定终点、规范使用移液管和容量瓶。
3. 能对移液管和滴定管进行校正。

你用过图 4-1 中的玻璃仪器吗？你能说出它们的名称吗？

图 4-1　常用的玻璃仪器

任务一　了解常用的玻璃仪器

实验室中经常大量使用玻璃仪器，是因为玻璃具有很高的化学稳定性、热稳定性、很好的透明度、一定的机械强度和良好的绝缘性。玻璃原料来源方便，可以按需要制成各种不同

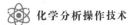

形状的产品,并可以通过改变玻璃的化学组成制出特硬玻璃、硬质玻璃、一般仪器玻璃和量器玻璃,使玻璃具有不同的性质和用途。

在实验中,我们应根据不同的实验目的选择相应的实验方法,用不同的实验仪器进行实验。实验仪器的构造和性能决定了它特有的操作方法和不同的适用范围,因此,必须熟悉化学仪器的有关知识,才能掌握并正确地使用它,进而在熟练的基础上达到得心应手的目的,完成好各种实验。

一、常用玻璃仪器的分类

玻璃仪器的种类很多,按用途大体可分为容器类、量器类和其他仪器类。

(一) 容器类

容器类玻璃仪器包括试剂瓶、烧杯、烧瓶等。根据它们能否受热又可分为可加热的仪器和不宜加热的仪器。

(二) 量器类

量器类玻璃仪器有量筒、移液管、滴定管、容量瓶等。量器类玻璃仪器一律不能加热。

(三) 其他仪器类

其他仪器类玻璃仪器包括具有特殊用途的玻璃仪器,如冷凝管、分液漏斗、干燥器、分馏柱、砂芯漏斗、标准磨口玻璃仪器等。

二、玻璃仪器的洗涤

为了保证测定结果的准确度和精密度,滴定分析仪器在使用前必须洗涤干净。洗净的玻璃仪器应透明,器壁能够被水均匀润湿而不挂水珠。

(一) 洗涤液的选择

洗涤玻璃仪器时,应根据实验要求、污物的性质及沾污程度,合理选用洗涤液。实验室常用的洗涤液有以下几种:

1. 水

水是最普通、最廉价、最方便的洗涤液,可用来洗涤水溶性污物。

2. 热肥皂液和合成洗涤剂

热肥皂液和合成洗涤剂是实验室中常用的洗涤液,对油脂类污垢的洗涤效果较好。

3. 铬酸洗涤液

铬酸洗涤液具有强酸性和强氧化性,适用于洗涤有无机物沾污和器壁残留少量油污的玻璃仪器。用洗液浸泡沾污仪器一段时间,洗涤效果更好。洗涤完毕后,用过的洗涤液要回收到指定的容器中,不可随意乱倒。此洗液可重复使用,当其颜色变绿时即为失效。该洗液要密闭保存,以防吸水失效。配制方法:先将 20 g 重铬酸钾溶于 40 mL 水中,再将 360 mL 浓硫酸徐徐加入重铬酸钾溶液中(千万不能将水或溶液加入硫酸中),边倒边用玻璃棒搅拌,并注意不要溅出,混合均匀,待冷却后,装入洗液瓶备用。

4. 碱性高锰酸钾溶液

该洗液能除去油污和其他有机污垢。使用时,将其倒入欲洗涤的仪器中,浸泡一会后再倒出,此时仪器内会留下褐色的二氧化锰痕迹,须用盐酸或草酸洗涤液洗去。配制方法:取高锰酸钾 4 g,加少量水溶解后,再加入一定量的 10％氢氧化钠溶液。

5. 有机溶剂

乙醇、乙醚、丙酮、汽油、石油醚等有机溶剂均可用来洗涤各种油污。但有机溶剂易着火,有的甚至有毒,使用时应注意安全。

6. 特殊洗涤液

一些污物用一般的洗涤液不能除去时,可根据污物的性质采用适当的试剂进行处理。例如,硫化物沾污可用王水溶解,沾有硫黄时可用 Na_2S 处理,$AgCl$ 沾污可用氨水或 $Na_2S_2O_3$ 处理。

一般方法很难洗净的有机污物,可用乙醇-浓硝酸溶液洗涤。方法:先用乙醇润湿器壁并留下约 2 mL,再向容器内加入 10 mL 浓硝酸静置片刻,此时会发生剧烈反应并放出大量的热,反应停止后用水冲洗干净即可。此过程会产生红棕色的 NO_2 有毒气体,因此,必须在通风橱内进行。注意:绝不可事先将乙醇和硝酸混合。

(二)洗涤的一般程序

洗涤玻璃仪器时,通常先用自来水洗涤,不能奏效时再用肥皂液、合成洗涤剂等洗涤;仍不能除去污物时,再采用其他洗涤液洗涤。洗涤完毕后,要用自来水冲洗干净,此时仪器内壁应不挂水珠,这是玻璃仪器洗净的标志。必要时用少量的蒸馏水淋洗 2～3 次。

(三)洗涤方法

1. 冲洗法

此法适用于经常使用的、洁净的仪器的洗涤。洗涤时,在仪器中加入适量(不超过容量的1/3)的自来水振荡后倒出,反复数次,再用少量蒸馏水润洗 2～3 次即可。

2. 刷洗法

此法适用于器壁上有冲洗不掉的污物的容器的洗涤。洗涤时,首先根据容器的形状选择适宜的毛刷,容器用水冲洗后,倒出多余的水分,用毛刷蘸水或用去污粉、洗涤剂刷洗,然后再用水冲洗数次,最后用少量蒸馏水润洗 2～3 次即可。

3. 洗液法

此法适用于不能刷洗或不允许刷洗,但器壁上有冲洗不掉的污物的仪器的洗涤。首先将仪器用水冲洗,倒出多余的水分,然后将洗液加入仪器中,并转动仪器使洗液将整个仪器内壁全部浸润,稍停一会后,将洗液倒回原瓶,最后用少量蒸馏水润洗 2～3 次即可。常用的洗液为铬酸洗涤液。

4. 化学法

当仪器上黏附了特殊的污垢,用上述洗涤方法难以洗涤干净时,可根据污垢的性质选择能与其发生化学反应的试剂浸润,利用化学反应除去污垢,再用冲洗法、刷洗法洗涤干净即可。

(四)洗涤方法的选择

锥形瓶、碘量瓶、烧杯等容器根据沾污的程度可选用冲洗法、刷洗法、洗液法、化学法进行洗涤。容量瓶、移液管、滴定管等量器可选用冲洗法、洗液法、化学法进行洗涤,不允许使用刷洗法。

（五）特别提示

洗涤时，一般先用自来水洗干净后，再用少量蒸馏水润洗。

洗净后的仪器，不可再用滤纸或布等擦拭。

三、玻璃仪器的干燥

有些滴定分析法如非水滴定法要求在无水条件下进行，因此，必须使用干燥的仪器。玻璃仪器洗涤干净后，要采取适宜的方法对玻璃仪器进行干燥。

（一）常用的干燥方法

1. 自然干燥

对于不急于使用的仪器，洗净后，倒置在仪器架上，让其自然晾干。

2. 烘箱干燥

将洗净的仪器倒置沥水后，放入烘箱内，在 105～110 ℃ 恒温一段时间烘干。

3. 快速干燥

快速干燥包括热风干燥、烘烤干燥和有机溶剂干燥。

（二）特别提示

（1）有刻度的仪器（如量筒）、厚壁仪器（如抽滤瓶）等不耐高温，不宜用烘箱干燥。

（2）在放入烘箱时，仪器应尽量将水沥干，然后按瓶（管）口朝下、自上而下的顺序放入。

任务二　滴定分析仪器的基本操作

滴定分析法中，需要准确测量的实验数据有质量和体积。除使用分析天平称取质量外，滴定分析法中用于准确测量体积的量器有容量瓶、移液管、滴定管。此外，还需要使用滴定反应容器，如锥形瓶、具塞锥形瓶、碘量瓶等，以及一些常用的玻璃仪器，如烧杯、量筒等。正确、规范地使用滴定分析仪器是运用滴定分析法进行分析检验的基本要求。本任务要求同学们了解滴定分析常用玻璃仪器的性能、规格和使用注意事项，并能熟练、规范地操作。

一、容量瓶

（一）容量瓶的用途和规格

容量瓶（见图 4-2）是一种细颈梨形的平底状精密量器，瓶颈上刻有环形标线，表示在指定温度（一般指 20 ℃）以下液体充满至标线时的容积。它属于量入式量器，主要用于准确配制和定量稀释准确浓度的溶液。

容量瓶按材质分为白色和棕色两种类型；按容积大小分为 5 mL，10 mL，20 mL，25 mL，50 mL，100 mL，250 mL，500 mL，1 000 mL，2 000 mL 等规格。容量瓶一般保留以 mL 为单位的小数点后 2 位（如 50.00 mL，100.00 mL 等），但在实际工作中，人们习惯标写为整数毫升。

图 4-2　容量瓶

(二) 容量瓶的使用

1. 检漏

在容量瓶中装入自来水至刻度线,用食指压住瓶盖,倒立 2 min,塞子周围不能漏水,如图 4-3(a)所示。

2. 洗涤

根据沾污情况选择适宜的洗涤方法洗净后,再用少量的蒸馏水洗涤 2~3 次。

3. 溶解

精密称取一定质量的溶质于洁净的烧杯内,加入配制体积一半左右的蒸馏水溶解。

4. 定量转移

左手将洁净的玻璃棒插入检漏合格、洗涤干净的容量瓶中,使玻璃棒的下端位于瓶口以下、刻度线以上,且贴紧容量瓶的内壁,同时玻璃棒要离开瓶口。右手拿烧杯,将烧杯的尖嘴贴紧玻璃棒,使溶液顺着玻璃棒、沿着瓶内壁流入容量瓶内,如图 4-3(b)所示。将烧杯中的溶液全部转移至容量瓶后,用少量的蒸馏水洗涤烧杯、玻璃棒 2~3 次,洗涤液同法转移到容量瓶中。

5. 定容

加蒸馏水至接近刻度线时,用胶头滴管滴加至液面最低点与容量瓶刻度线相切,如图 4-3(c)所示。

6. 混合

盖好瓶塞,上下翻转数次,混合均匀,如图 4-3(d)所示。

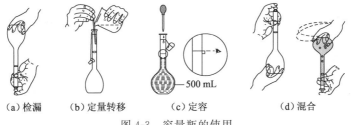

(a)检漏　　　(b)定量转移　　　(c)定容　　　(d)混合

图 4-3　容量瓶的使用

(三) 特别提示

(1) 容量瓶为精密量器,不得长期存放溶液,不能加热,使用前应先检漏。

(2) 棕色容量瓶用于配制遇光不稳定的溶液。

(3) 定容时,左手拿住容量瓶刻度线以上的部位,使容量瓶自然下垂;右手拿滴管,眼睛与刻度线保持水平。

二、移液管

(一) 移液管的用途和规格

移液管是用于准确量取一定体积的液体的精密量器。按照有无分刻度分为刻度吸管和移液管(见图 4-4)。

移液管是中间有膨大部分的玻璃管,上端的细管部分刻有一条标线,用来移取一定体积的溶液,属于量出式量器。按标示移取体积分为 1 mL,2 mL,5 mL,10 mL,15 mL,20 mL,25 mL,50 mL,100 mL 等规格。

刻度吸管又称吸量管,是具有分刻度的玻璃管,可准确移取所需的不同体积的溶液。常用的吸量管有 0.2 mL,0.2 mL,0.25 mL,0.5 mL,1 mL,2 mL,5 mL,10 mL,25 mL,50 mL 等规格。移液管和吸量管所移取的体积可准确到 0.01 mL。

图 4-4　移液管

(二) 移液管的使用

1. 洗涤

用适宜的方法(参见本项目的任务一)将移液管洗涤干净,确保移液管内壁不挂水珠。

2. 润洗

右手持拿移液管,如图 4-5(a)所示,左手持拿洗耳球,在移液管中吸入少量的待移取溶液,然后平放移液管,双手平托并转动移液管,边转动边倾斜,如图 4-5(b)所示,使溶液将整个移液管内壁全部润湿,最后从下端放出,如此重复 2～3 次。

3. 吸液

将移液管的尖端插入液面以下 1～2 cm 处,待溶液吸至刻度线以上后,迅速用食指堵住管口,用滤纸片将管尖外部的溶液擦干,如图 4-5(c)所示。调节液面:眼睛与刻度线平视,稍松食指,使液面的最低点与刻度线相切,此时立即用食指压紧管口,如图 4-5(d)所示。

4. 放液

将移液管移至盛放溶液的容器中,移液管竖直,其下端贴紧容器内壁,容器稍倾斜。松开食指使溶液自然流出,溶液流完后,停留 10～15 s,取出移液管,如图 4-5(e)所示。

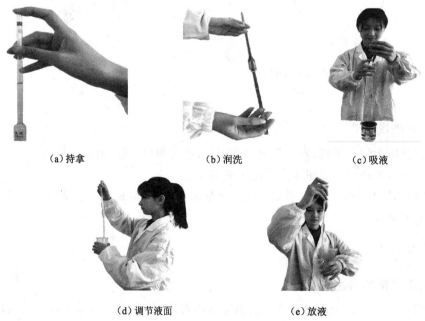

(a)持拿　　　　　　(b)润洗　　　　　　(c)吸液

(d)调节液面　　　　(e)放液

图 4-5　移液管的使用

（三）特别提示

（1）移液管只能用于精密量取标示体积的溶液,而刻度吸管则可用于精密量取满刻度以下的任一体积的溶液。

（2）移液管吸取溶液时,眼睛应观察管内液面上升的高度,同时观察管尖不得露出液面。

（3）调节液面时,眼睛应与刻度线保持水平。

（4）放出溶液时,溶液流完后,应停留 10～15 s 再取开移液管。

（5）移液管尖端部分残余的液体,除注明"吹"外,不得吹出。

讨论互动

移液管移取溶液前,为什么要润洗?

三、滴定管

（一）滴定管的用途和规格

滴定管是用于控制滴加滴定液的速度和用量,并准确测量消耗滴定液的体积的精密量器。按材质分为无色滴定管和棕色滴定管。常用的滴定管规格有 50 mL,25 mL,10 mL。

滴定管按用途分为酸式滴定管和碱式滴定管,如图 4-6(b)(c)(d)所示。酸式滴定管的下端带有磨口玻璃旋塞,用于盛放酸性、中性及氧化性溶液,不宜盛放碱性溶液,否则磨砂旋塞会被腐蚀;碱式滴定管的下端连接一小段塞有玻璃珠的乳胶管,用于盛放碱性及无氧化性溶液,不宜盛放能与乳胶管发生反应的溶液,如高锰酸钾、碘和硝酸银等溶液。由于不怕碱的聚四氟乙烯活塞的使用,普通酸式滴定管克服了怕碱的缺点,可以做到酸、碱通用(或称通用型滴定管),所以碱式滴定管的使用大为减少。通用型滴定管如图 4-6(a)所示。

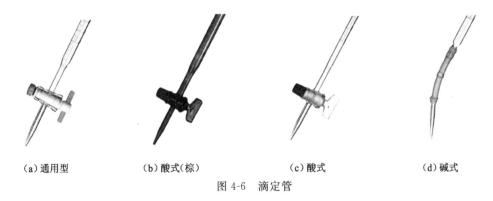

| (a)通用型 | (b)酸式(棕) | (c)酸式 | (d)碱式 |

图 4-6　滴定管

（二）滴定管的使用

1. 检漏

在滴定管中装入自来水,置滴定管夹上 2 min,观察管口及旋塞两端是否有水渗出或滴下。如出现漏液现象,则需进行相应的处理后再检漏。

2. 洗涤

将检漏合格的滴定管选择适宜的方法洗涤干净,然后用蒸馏水润洗 3 次。方法:每次装入 5～10 mL 蒸馏水,双手平托滴定管,缓慢旋转,使蒸馏水润湿整个滴定管,然后将水从下管口放出。

3．润洗

将滴定管用少量的滴定液润洗 2～3 次，方法同蒸馏水的润洗，如图 4-7(a)所示。

4．装滴定液

自滴定管上端装滴定液至零刻度以上。

5．排气泡

排出滴定管下端尖嘴至活塞或玻璃珠之间的空气，如图 4-7(b)所示。

6．调节至零刻度

从下端放出滴定液至零刻度线，如图 4-7(c)所示。

7．滴定

左手控制滴定速度，右手转动锥形瓶，滴定至终点，如图 4-7(d)所示。

8．读数

从滴定管上读取消耗滴定液的体积并记录，如图 4-7(e)所示。

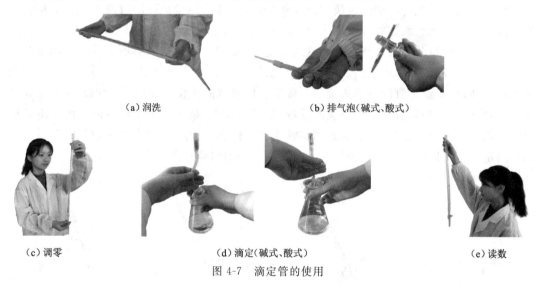

（a）润洗　　　　　　　　　　　　　（b）排气泡（碱式、酸式）

（c）调零　　　　　　（d）滴定（碱式、酸式）　　　　　　（e）读数

图 4-7　滴定管的使用

（三）特别提示

（1）酸式滴定管漏液时，应将活塞拔出，用滤纸擦干活塞和活塞套，并在活塞两端均匀涂上一薄层凡士林，然后插入活塞套，向一个方向转动至整个活塞均匀、透明即可。涂凡士林时，滴定管应平放，以免管内水分流入活塞套。

（2）碱式滴定管漏液时，可调节玻璃珠的位置或更换乳胶管。

（3）酸式滴定管用于盛放酸、酸性及氧化性滴定液；碱式滴定管用于盛放碱、碱性及还原性滴定液；装有聚四氟活塞的滴定管可用于盛放各种性质的滴定液。

四、锥形瓶和碘量瓶

锥形瓶为加热处理试样和滴定反应的容器，常用规格为 50 mL，100 mL，250 mL，500 mL，1 000 mL 等；碘量瓶为碘量法或其他生成挥发性物质的滴定反应容器，常用规格为50 mL,100 mL,250 mL,500 mL,1 000 mL等。

使用时,应用手腕用力,向一个方向转动溶液,不得来回转动,不能抖动,以防瓶内溶液溅出,如图4-8所示。碘量瓶的瓶塞应用细绳拴在瓶颈上,不得互换。碘量瓶及其持拿方法如图4-9所示。

图 4-8　锥形瓶的使用

（a）碘量瓶　（b）碘量瓶的持拿

图 4-9　碘量瓶及其持拿方法

移液器

移液器(见图4-10),又称移液枪,是一种用于定量转移液体的器具。在进行分析测试方面的研究时,一般采用移液器移取少量或微量的液体。移液器根据原理可分为气体活塞式移液器和外置活塞式移液器。气体活塞式移液器主要用于标准移液,外置活塞式移液器主要用于易挥发、易腐蚀及黏稠等特殊液体。移液器因为基本结构简单、使用方便等原因,在临床诊断实验室、生物技术实验室、药学和化学实验室、环境实验室、食品实验室得到广泛应用。

图 4-10　德国单道及多道移液器

任务三　滴定分析仪器的校正

一、简述

滴定管、移液管和容量瓶是分析实验室常用的玻璃容量器皿(简称量器),这些量器都具有刻度和标称容量(此标称容量是20 ℃时以水的体积来标定的)。标称容量可能会有一定的误差,即实际容量和标称容量之差。合格产品的容量误差应小于或等于国家标准规定的容量允差。由于种种原因,量器误差大了会引起分析结果的系统误差,进而影响结果的准确度,因此,滴定管、容量瓶、移液管作为滴定分析中的精密量器,必须进行校正,并附有校正值或校正曲线。

二、校正方法

量器常采用两种校准方法:绝对校准法(称量法)和相对校准法(相对法)。

(一)绝对校准法(称量法)

一定条件下,水的质量、密度和体积之间存在确定的关系,通过称量量器中所容纳或放出的纯水的质量,根据空气中纯水的密度(见表 4-1),计算任一温度下纯水的准确体积与仪器标示体积的差值,即为该仪器的校正值。容量仪器的实际容量均可采用该法校准。

表 4-1　在空气中不同温度时纯水的密度

温度/℃	纯水的密度/(g·L⁻¹)	温度/℃	纯水的密度/(g·L⁻¹)	温度/℃	纯水的密度/(g·L⁻¹)
10	998.39	19	997.34	28	995.44
11	998.31	20	997.18	29	995.18
12	998.23	21	997.00	30	994.91
13	998.14	22	996.80	31	994.64
14	998.04	23	996.60	32	994.34
15	997.93	24	996.38	33	994.06
16	997.80	25	996.17	34	993.75
17	997.65	26	995.93	35	993.45
18	997.51	27	995.69		

(二)相对校准法(相对法)

用一个玻璃量器间接校准另一个玻璃量器,称为相对校准。在实际工作中,常常需要两个量器配套使用,如用容量瓶配制溶液后,用移液管移取其中部分进行测定。此时,重要的不是知道这二者的准确容量,而是二者的容量是否为准确的整倍数关系。例如,用 25 mL 移液管从 100 mL 容量瓶中取出一份溶液,确认取出的该溶液是否是该容量的 1/4,这就需要进行两个量器的相对校准。只要 25 mL 移液管移取 4 次溶液,所得到的溶液总体积与 100 mL 容量瓶所表示的容积相等即可。

此法操作简单,在实际工作中使用也较多,但只有在这两个量器配套使用时才有意义。

三、滴定管的校正(称重法)

1. 校正方法

(1)将洗净的滴定管的外壁擦干,倒挂在滴定管架上控干 5 min 以上,然后装入蒸馏水至零刻度线以上约 5 mm 处,15 s 后调至零刻度。

(2)精密称取一个洁净、干燥的碘量瓶的质量,称准至 0.001 g。

(3)以每分钟不超过 10 mL 的滴速(3 滴/秒),将滴定管内的水滴加到已称重的碘量瓶中。当液面降至 5.00 mL 刻度线以上约 0.5 mL 时,等待 15 s,然后在 10 s 内将液面调节至 5.00 mL 刻度线,随即使锥形瓶内壁接触管尖,除去管尖液滴(水不能沾湿磨砂口处)。立即盖紧瓶塞,精密称定。

(4)倒掉碘量瓶中的水,擦干瓶外壁、瓶口和瓶塞,在分析天平上称定质量。

(5)滴定管重新加纯水至零刻度处,按上述方法处理,将滴定管内的各段水(0.00→5.00,0.00→10.00,0.00→15.00,0.00→20.00,0.00→25.00)滴加到已称重的碘量瓶中,精密称定各段水的质量。计算放出的每一段水的质量。

(6)重复校准一次,两次测定所得同一刻度的体积相差不应大于 0.01 mL。根据水温,查出对应温度下水的密度,计算各段水的体积。

(7) 各段水的体积与滴定管上的标识体积之差记为滴定管的校正值。

(8) 以滴定管的标示体积值为横坐标,校正值为纵坐标,绘制滴定管的校正曲线。

2. 注意事项

(1) 实验结果的好坏取决于放出纯水的体积是否准确。

(2) 实验所用的仪器和纯水备好后,应提前放在天平室 1 h 以上,使其温度与室温接近。用温度计测水温,水温和室温相差不超过 0.1 ℃。

(3) 校准过程中,应随时检查所用仪器、物品是否干燥,并保持手、碘量瓶外壁、天平盘干燥。

(4) 一般 50 mL 滴定管每隔 10 mL 测一个校准值,25 mL 滴定管每隔 5 mL 测一个校准值,3 mL 微量滴定管每隔 0.5 mL 测一个校准值。

四、移液管的校正(称重法)

(1) 精密称取一个洁净、干燥的碘量瓶的质量,称准至 0.001 g,记录。

(2) 用待校正的移液管精密量取标示的体积,放入碘量瓶内(不得沾湿瓶口),立即盖上瓶塞。

(3) 精密称定碘量瓶的质量,记录。两次称量之差即为移液管放出纯水的质量。

(4) 测量水温,查找该温度下纯水的密度。

(5) 重复操作一次,两次测得的纯水的质量之差应小于 0.01 g。

(6) 用两次测量的平均值计算移液管的真实体积与标示体积之差,即为校正值。

五、容量瓶的校正(称重法)

(1) 精密称取一个洁净、干燥的容量瓶的质量,称准至 0.001 g,记录。

(2) 在容量瓶中加纯水至刻度线,立即盖上瓶塞。注意:不得沾湿瓶口。

(3) 精密称定容量瓶的质量,记录。两次称量之差即为容量瓶内纯水的质量。

(4) 测量水温,查找该温度下纯水的密度。

(5) 重复操作一次。

(6) 计算容量瓶的真实体积与标示体积之差,即为校正值。

六、操作条件及注意事项

(1) 温度计的分度值应为 0.1 ℃。

(2) 室内温度变化不超过 1 ℃,室温最好控制在(20±5)℃。

(3) 校准 2~3 次,取平均值。

任务四 滴定分析仪器的校正实训

实训三 精密量器的校正

一、实训任务

1. 滴定管(25 mL)的校准。

2. 移液管与容量瓶的相对校准。

二、实训目的

1. 了解滴定分析仪器校准的意义。

2. 掌握滴定管的绝对校准方法和操作技术。

3. 掌握容量瓶与移液管的相对校准方法和技术。

三、实训用品

1. 试剂:纯化水、无水乙醇(干燥仪器用)。

2. 仪器:电子天平(200/0.000 1 g)、温度计(最小分度值 0.1 ℃)、碘量瓶(50 mL)、酸式滴定管(25 mL)、容量瓶(100 mL)、移液管(25 mL)、洗耳球、洗瓶。

四、实训方案

1. 滴定管的校准。

参见本项目任务三中的滴定管的校正。

2. 移液管与容量瓶的相对校准。

将一个 100 mL 的容量瓶洗净、晾干(可用几毫升乙醇润洗内壁后倒挂在漏斗板上),用 25 mL 移液管准确吸取纯水 4 次至容量瓶中。观察弯液面的最低点与标线是否相切,若不相切,记下弯月面下缘的位置,可用纸条或透明胶带做标记。重复做一次,如果连续两次实验结果相符,则应在容量瓶颈部重新做标记。以后使用该容量瓶与移液管即可按所做标记配套使用。

五、实训结果

将实训结果填入表 4-2 中。

表 4-2　精密量器的校正结果

滴定管读数/mL	瓶+水的质量/g	瓶的质量/g	水的质量/g	平均质量/g	实际体积/mL	校正值/mL
0.00~5.00						
0.00~10.00						
0.00~15.00						
0.00~20.00						
0.00~25.00						

六、实训思考

1. 在什么情况下滴定分析仪器校准用相对校准?

2. 分段校准滴定管时,为何每次都要从 0.00 mL 开始?

3. 分段校准滴定管时,滴定管每次放出的纯水的体积是否一定要是整数?

目标检测

一、填一填

1. 移液管通常有两种形状,即_____和_____,使用前先用_____洗去油污,然后用_____和_____洗净。

2. 滴定管一般分为两种,即_____滴定管和_____滴定管。前者可用于盛放_____性物质的溶液,后者可用于盛放_____性溶液。这两种滴定管通常有_____、_____和_____规格。

3. 滴定分析中,_____手操作滴定管,_____手操作锥形瓶;移液时,_____手操作移液管,_____手操作洗耳球。

4. 玻璃仪器常用的洗涤方法有_____、_____、_____和_____。移液管等精密量器不能采用_____洗涤。

5. 玻璃仪器常用的干燥方法有_____、_____和_____。

二、选一选

1. 滴定分析中,用于精密移取液体的仪器是(　　)。

　　A. 滴定管　　　　　B. 移液管　　　　　C. 容量瓶　　　　　D. 锥形瓶

2. 滴定分析中,用于滴加滴定液至终点并测量消耗滴定液体积的仪器是(　　)。

　　A. 滴定管　　　　　B. 移液管　　　　　C. 容量瓶　　　　　D. 锥形瓶

3. 滴定分析中,用于直接配制滴定液的仪器是(　　)。

　　A. 滴定管　　　　　B. 移液管　　　　　C. 容量瓶　　　　　D. 锥形瓶

4. 精密量取10.00 mL溶液,应使用10 mL的(　　)量取。

　　A. 量筒　　　　　　B. 容量瓶　　　　　C. 移液管　　　　　D. 滴定管

5. 滴定分析中,洗涤后需要用待装溶液润洗的量器是(　　)。

　　A. 锥形瓶　　　　　B. 容量瓶　　　　　C. 滴定管　　　　　D. 量筒

6. 用滴定管进行滴定分析时,下列数据记录正确的是(　　)。

　　A. 20.40 mL　　　B. 20.4 mL　　　　C. 20.400 mL　　　D. 20 mL

7. 滴定分析中,下列不需用待装溶液润洗的量器是(　　)。

　　A. 滴定管　　　　　B. 锥形瓶　　　　　C. 容量瓶　　　　　D. 试剂瓶

8. 取盐酸9 mL,应如何选择量器(　　)。

　　A. 量筒　　　　　　B. 移液管　　　　　C. 烧杯　　　　　　D. 吸量管

9. 下列哪种滴定液不能盛放在酸式滴定管中(　　)。

　　A. 盐酸滴定液　　　　　　　　　　B. 硫酸滴定液

　　C. 氢氧化钠滴定液　　　　　　　　D. 高锰酸钾滴定液

10. 有关滴定管的使用,错误的是(　　)。

　　A. 使用前应洗干净并检漏

　　B. 为保证滴定液浓度不变,使用前可加热干燥

　　C. 要求较高时,要进行体积校正

　　D. 滴定前应保证尖嘴部分无气泡

三、判一判

1. 移液管取量后,要把余下的液体吹出来。 （　　）

2. 使用滴定管时,右手拿滴定管,左手拿锥形瓶。 （　　）

3. 容量瓶要用待稀释液体润洗。 （　　）

4. 移液管读数为 5 mL,记录为 5.0 mL。 （　　）

5. 滴定管读数为 10 mL,记录为 10.0 mL。 （　　）

四、想一想

1. 简述移液管的操作方法。

2. 简述滴定管的操作方法。

3. 根据容量瓶的使用方法,将图 4-11 中的操作过程进行排序。

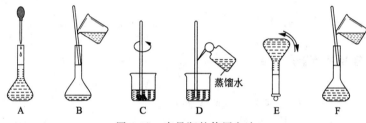

图 4-11　容量瓶的使用方法

模块二

滴定分析法

项目五　滴定分析法概论

 学习目标

【知识目标】

1. 掌握滴定分析法的概念、分析原理,对滴定反应的要求,滴定液的浓度表示形式和计算方法,基准试剂的概念与条件,滴定液直接配制的要求和结果计算,标定的概念、原理、方法和结果计算。

2. 熟悉滴定分析法中的滴定方式及其适用范围。

3. 了解滴定分析法的分类及特点。

【技能目标】

1. 会用直接配制法和标定法配制滴定液,熟练计算结果。

2. 会用滴定分析法进行样品的含量测定和计算。

任务一　了解滴定分析法

滴定分析法是化学分析法中重要的分析方法之一。它的特点是仪器简单,操作简便,结果准确、快速,适用于常量分析及常量组分分析,因而被广泛应用于药品、食品、环境、化工等各个领域。滴定分析法的种类有多种,具体的测定原理、条件及其应用将在后面的项目中展开讨论,本项目着重学习滴定分析法的一般问题。

一、滴定分析法的概念及相关术语

滴定分析法是根据与被测组分反应的试剂溶液的浓度和体积来计算物质组分含量的一种方法,故又称为容量分析法。以下是滴定分析法中常用的术语。

滴定液:与被测组分发生化学反应的、已知准确浓度的试剂溶液。

滴定:将滴定液从滴定管滴加到供试品溶液中的操作过程。

滴定反应:滴定液中的试剂和被测组分之间发生的化学反应。

化学计量点:当加入的滴定液与被测组分恰好完全反应时,称滴定反应达到了化学计量点,简称计量点。在计量点时,滴定液与被测组分物质的量的关系等于滴定反应方程式中两者的系数之比。

指示剂:滴定液和被测组分反应时,化学计量点的到达需要借助其他试剂或方法,通过

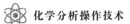

颜色转变或测定过程中相关参数的变化等方法来确定。滴定分析中通过颜色转变来指示计量点的试剂称为指示剂。

滴定终点:实际操作中,借助于指示剂颜色的改变或其他方法确定到达计量点时,停止滴定,称到达了滴定终点。

滴定误差:由于指示剂往往不一定正好在计量点时变色,滴定终点与计量点不一定恰好符合,由此造成的误差称为滴定误差,也称终点误差。药品检验规定,终点误差应≤±0.1%。

综上所述,滴定分析法是将滴定液通过滴定管滴加到供试品溶液中至滴定终点,然后根据滴定液的浓度和消耗的体积进行定性分析和定量分析的方法。

二、滴定分析法的原理、基本条件及特点

(一)滴定分析法的原理

滴定分析是建立在滴定反应基础上的定量分析法。例如,被测物 B 与滴定液 T 的滴定反应式为:

$$b\text{B(被测组分)}+t\text{T(滴定液)}\Longrightarrow p\text{P(滴定反应产物)}$$

它表示 B 和 T 是按照摩尔比 $b:t$ 的关系进行定量反应的。这是滴定反应的化学计量关系,也是滴定分析定量测定的依据。化学计量点时,被测组分和滴定液的物质的量之比等于滴定反应方程式中两者的系数之比,其数学表示式为:$n_B:n_T=b:t$。

依据滴定液与被测组分的滴定反应的化学计量关系,通过测量所消耗的已知浓度的滴定液的体积,求得被测物的含量。因此,滴定反应是滴定分析法的测量原理和计算依据,非常重要。

(二)滴定分析法的基本条件

滴定分析法是以滴定反应为基础的,为使测定结果满足准确度的要求,滴定分析法要求滴定反应须满足以下条件:

1. 反应要完全

被测组分和滴定液能够按照确定的化学计量关系完全反应,反应的完全程度须达到99.9%以上,这是定量计算的基础。

2. 反应要迅速

滴定反应速度要快,或者能通过提高浓度、加热、加催化剂等适当的方法加快反应的速度。

3. 不得有干扰

被测组分和滴定液不发生副反应,即被测组分不能和滴定液以外的试剂反应,滴定液也不能和被测组分以外的组分反应。

4. 可以确定终点

能够使用适当的方法确定滴定终点,终点误差应≤±0.1%。

(三)滴定分析法的特点

(1)仪器简单:主要仪器为分析天平、移液管、滴定管、锥形瓶等。

(2)操作简便:基本操作为精密称量、精密量取、滴定。

（3）结果准确：相对误差在 0.1% 以下。

（4）应用广泛。

三、滴定分析法的分类

（一）按滴定反应的类型

根据滴定反应的类型不同，滴定分析法可分为酸碱滴定法、沉淀滴定法、配位滴定法和氧化还原滴定法四大类，见表 5-1。

表 5-1 滴定分析法的分类

方法名称	方法概念	适用对象	分析实例
酸碱滴定法	以酸、碱反应为基础的一种滴定分析法	用于测定能够与酸、碱直接或间接反应的物质的含量	水杨酸的含量测定，酸值、碱值的测定，酸度、碱度的检查
沉淀滴定法	以沉淀反应为基础的一种滴定分析法。最常用的是银量法	用于测定无机卤化物、有机卤化物、硫氰酸盐、可溶性银盐等物质的含量	氯化钠注射液的含量测定等
配位滴定法	以配位反应为基础的一种滴定分析法。最常用的是 EDTA 滴定法	用于测定金属盐、配位剂的含量	枸橼酸锌、氢氧化铝的含量测定等
氧化还原滴定法	以氧化还原反应为基础的一种滴定分析法。最常用的有碘量法、高锰酸钾法、亚硝酸钠法等	用于测定具有一定氧化性、还原性物质的含量	碘、维生素 C 的含量测定等

（二）按滴定反应使用的溶剂

根据滴定反应使用的溶剂不同，滴定分析法可分为滴定分析法和非水滴定分析法两大类。

1. 滴定分析法

以水为溶剂进行滴定的分析方法通常称为滴定分析法。根据滴定反应的类型不同，滴定分析法可进一步分为酸碱滴定法、沉淀滴定法、配位滴定法和氧化还原滴定法四大类。

2. 非水滴定分析法

在非水溶剂中进行滴定的分析方法称为非水滴定分析法，简称非水滴定法。根据滴定反应的类型不同，非水滴定分析法也可进一步分为非水酸碱滴定法、非水沉淀滴定法、非水配位滴定法和非水氧化还原滴定法四大类。

（三）按滴定方式

1. 直接滴定

直接滴定是直接将滴定液滴加到供试品溶液中至滴定终点，然后测量消耗滴定液的体积进行分析的操作方式，是最常用和最基本的滴定方式。它适用于滴定反应能全部满足方法要求的滴定分析。

例如，盐酸含量的测定。氢氧化钠滴定液和被测组分盐酸的反应完全满足滴定分析法

对滴定反应的要求,可直接依据到达滴定终点时消耗滴定液的体积和浓度来计算被测组分的含量。其反应式为:

$$HCl(被测组分)+NaOH(滴定液)=NaCl+H_2O$$

终点时,被测组分与滴定液之间的化学计量关系为:$n_{HCl} : n_{NaOH}=1 : 1$。

2. 剩余滴定

剩余滴定也称为回滴定、返滴定。它适用于滴定反应速度较慢或反应物难溶于水或没有适当的指示剂的滴定分析。其滴定方式为:先在供试品溶液中加入一种定量且过量的滴定液,待被测组分和滴定液反应完全后,再用另一滴定液滴定剩余的滴定液,进而计算出与被测组分反应的滴定液的量,再进一步分析。

例如,Al(OH)$_3$ 在水中的溶解度很小,先加入定量且过量的 HCl 滴定液,待 Al(OH)$_3$ 反应完全后,再用 NaOH 滴定液滴定剩余的 HCl 滴定液,即可得出与 Al(OH)$_3$ 反应的 HCl 滴定液的量,从而计算出 Al(OH)$_3$ 的含量。

反应阶段的反应式为:

$$Al(OH)_3(被测组分)+3HCl(定量且过量的滴定液)=AlCl_3+3H_2O$$

滴定阶段的反应式为:

$$HCl(剩余的滴定液)+NaOH(另一滴定液)=NaCl+H_2O$$

被测组分 Al(OH)$_3$ 与 HCl 滴定液之间、HCl 滴定液与 NaOH 滴定液之间的化学计量关系为:$n_{Al(OH)_3} : n_{HCl}=1 : 3$、$n_{NaOH} : n_{HCl}=1 : 1$。

3. 置换滴定

置换滴定适用于被测组分和滴定液之间计量关系不确定的滴定分析。置换滴定是先让被测组分与试剂进行置换反应,然后用滴定液滴定生成的置换反应产物至滴定终点,依据被测组分、置换产物和滴定液之间的化学计量关系进行分析的操作形式。

例如,硫酸亚铁中高铁盐的检查中,由 Fe^{3+} 和 Na$_2$S$_2$O$_3$ 两者之间的化学计量关系不确定,可先在酸性条件下使 Fe^{3+} 与 KI 反应,定量生成 I$_2$,然后再用 Na$_2$S$_2$O$_3$ 滴定液滴定生成的 I$_2$。

置换反应的反应式为:

$$2Fe^{3+}+2I^-=2Fe^{2+}+I_2$$

滴定反应的反应式为:

$$2Na_2S_2O_3+I_2=Na_2S_4O_6+2NaI$$

置换产物与被测组分之间物质的量关系为:$n_{I_2} : n_{Fe^{3+}}=2 : 1$。

滴定终点时,滴定液和置换产物之间物质的量关系为:$n_{Na_2S_2O_3} : n_{I_2}=2 : 1$。

滴定液和被测组分之间物质的量关系为:$n_{Na_2S_2O_3} : n_{Fe^{3+}}=1 : 1$。

4. 间接滴定

间接滴定适用于被测组分和滴定液之间不能发生化学反应的滴定分析。它是将被测组分通过化学反应生成能与滴定液反应的物质,然后用滴定液滴定至终点,依据被测组分、反应产物和滴定液之间的化学计量关系进行分析的操作形式。

例如,用 KMnO$_4$ 滴定液测定 CaCl$_2$ 的含量时,先将 CaCl$_2$ 定量转化为 CaC$_2$O$_4$,然后再定量转变为能与 KMnO$_4$ 滴定液反应的 H$_2$C$_2$O$_4$。

转换反应的反应式为:

$$CaCl_2 + NaC_2O_4 = 2NaCl_2 + CaC_2O_4 \downarrow$$

定量反应的反应式为：

$$CaC_2O_4 + H_2SO_4 = CaSO_4 + H_2C_2O_4$$

转换产物与被测组分的物质的量关系为：$n_{CaCl_2} : n_{H_2C_2O_4} = 1 : 1$。

滴定反应的反应式为：

$$2KMnO_4 + 5H_2C_2O_4 + 3H_2SO_4 = 2MnSO_4 + K_2SO_4 + 10CO_2 + 8H_2O$$

滴定终点时，滴定液与转换产物的物质量关系为：$n_{KMnO_4} : n_{H_2C_2O_4} = 2 : 5$。

四、滴定分析法的测定过程

(一) 供试品的准备

1. 称（量）取供试品

根据《中国药典》规定，取供试品，精密称定（或精密量取），记为 m_s 或 V_s。

2. 供试品溶液的准备

一般情况下，将供试品溶解或稀释，加入指示剂，再加入 pH 调节剂、掩蔽剂、催化剂，或加热，制成满足滴定分析要求的溶液。

(二) 滴定液的准备

根据《中国药典》规定，配制具有准确浓度的滴定液。

将配制好的滴定液装于符合规定的滴定管中，做好滴定前的准备，并记录滴定前滴定液的体积 $V_{初}$。

(三) 滴定

将滴定液通过滴定管滴加到供试品溶液中，至滴定终点。

读取滴定终点时滴定管中滴定液的体积，记为 $V_{终}$。

(四) 记录与计算

1. 记录

将需要记录的内容填入表 5-2 中。

表 5-2　滴定记录

供试品名称		规格		批号	
生产厂家					
滴定液名称		$c_{滴定液}$ 或 F 值		温度	
序号	第 1 份		第 2 份		第 3 份
倒出前的总质量/g					
倒出后的总质量/g					
供试品的质量/g					
滴定前滴定液的体积 $V_{初}$/mL					
终点时滴定液的体积 $V_{终}$/mL					
消耗的滴定液的体积 V/mL					

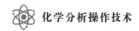
被测组分的含量/%			
精密度/%			
平均结果/%			

2. 计算

根据滴定液的浓度及消耗的体积等数据,依据滴定反应的化学计量关系,计算被测组分的含量。

(五)数据处理

1. 计算相对平均偏差

计算相对平均偏差,取测定结果的平均值作为分析结果。若相对平均偏差值不符合规定,则说明精密度不符合要求,偶然误差较大,需重新测定。

2. 修约

按照《中国药典》规定,对分析结果进行修约。

(六)结论

将分析结果与《中国药典》规定进行比较,判定是否符合《中国药典》规定。

任务二　滴定分析仪器的使用技术

实训四　滴定分析仪器的洗涤及使用练习

一、实训任务

1. 洗涤滴定管、容量瓶、移液管、锥形瓶等实验用玻璃仪器。

2. 将样品稀释 10 倍。

3. 酸碱滴定液互滴,并规范记录原始数据。

二、实训目的

1. 掌握滴定分析仪器的洗涤和使用方法。

2. 会用指示剂正确判断滴定终点。

三、实训用品

1. 仪器:滴定管(25 mL)、移液管(10 mL)、容量瓶、锥形瓶、洗瓶、洗耳球。

2. 试剂:盐酸滴定液(0.1 mol/L)、氢氧化钠滴定液(0.1 mol/L)、甲基橙指示剂、酚酞指示剂。

四、实训方案

1. 洗涤练习。

熟悉配置的分析仪器,并洗涤干净备用。容量瓶、滴定管洗涤前注意检漏,最后用蒸馏水润洗干净。(具体方法参见项目四)

2. 稀释练习。

取上述洗净的 10 mL 移液管,用待测样品(自来水)润洗 2～3 次。移取 10.00 mL 待测样品,放入 100 mL 容量瓶中,加蒸馏水至刻线处定容(可借助胶头滴管),翻转混匀,即得。

3. 滴定练习。

（1）滴定管的准备：检漏→洗涤→装待滴定液润洗→装液→赶气泡→调节液面至零刻度线。

（2）碱滴定酸：用移液管移取 10.00 mL 盐酸溶液于锥形瓶中，加 20 mL 水稀释，再加入 1～2 滴酚酞指示剂，用氢氧化钠滴定液滴定至出现微红色且 30 s 不褪色，即为终点。记下所消耗的氢氧化钠溶液的体积。平行操作 2 次。

（3）酸滴定碱：用移液管移取 10.00 mL 氢氧化钠溶液于锥形瓶中，加 20 mL 水稀释，再加入 1～2 滴甲基橙指示剂，用盐酸滴定液滴定至溶液由黄变橙，即为终点。记下所消耗的盐酸溶液的体积。平行操作 2 次。

4. 清洗仪器，清理环境卫生。上交实训报告。

五、实训结果

将相关数据填入表 5-3 中。

表 5-3　实训记录

序号	V_{NaOH}/mL			V_{HCl}/mL		
	初始读数	终点读数	消耗体积	初始读数	终点读数	消耗体积
1						
2						

六、实训思考

1. 如何检查滴定分析仪器是否洗净？

2. 容量瓶、移液管、滴定管、烧杯、锥形瓶、量筒，这些容量仪器中哪些在使用前需用待装液润洗 3 次？为什么？

任务三　滴定液

 问题探究

在化学实验中，我们经常需要配制各种化学试液。滴定液是滴定分析中非常重要的试液，为什么？结合滴定液的特点，思考如何配制滴定液？

一、滴定液的浓度表示形式

滴定分析法中，滴定终点时测量得到的实验数据是消耗滴定液的体积，必须结合滴定液的准确浓度才能计算被测组分的含量。滴定液的浓度有物质的量浓度、滴定度和校正因子 3 种表示形式。

（一）物质的量浓度

1. 物质的量浓度的概念

滴定分析法中，分析的依据是被测组分和滴定液两者之间物质的量关系，因此，物质的量浓度是滴定液浓度的基本表示形式。物质的量浓度是指在单位体积的溶液中所含溶质的物质的量。其计算公式为：

$$c_T = \frac{n_T}{V} \tag{5-1}$$

式中： c_T——T 物质的物质的量浓度，mol/L；

T——溶质的化学式；

n_T——溶质 T 的物质的量，mol；

V——溶液的体积，L。

2. 物质的量浓度的相关计算

因

$$n_T = \frac{m_T}{M_T} \tag{5-2}$$

故

$$c_T = \frac{m_T}{M_T V} \tag{5-3}$$

在实际工作中，常用的计算类型举例如下：

(1) 根据称取溶质的质量和配制溶液的体积，计算溶液的物质的量浓度。

实例 5-1 精密称取基准物质氯化钠 2.934 g，溶解后定量转移至 500 mL 容量瓶中，定容，摇匀，则氯化钠滴定液的物质的量浓度是多少？

解

$$c_{NaCl} = \frac{n_{NaCl}}{V} = \frac{m_{NaCl}}{M_{NaCl} V} = \frac{2.934}{58.44 \times 500 \times 10^{-3}} = 0.100\,4(mol/L)$$

(2) 根据配制溶液的物质的量浓度和体积，计算应称取溶质的质量。

实例 5-2 要求配制重铬酸钾滴定液的物质的量浓度为 0.016 67 mol/L，体积为 1 000 mL，则应称取多少克基准重铬酸钾？

解

$$m = n_{K_2Cr_2O_7} \times M_{K_2Cr_2O_7} = c_{K_2Cr_2O_7} \times V \times M_{K_2Cr_2O_7}$$
$$= 0.016\,67 \times 1\,000 \times 10^{-3} \times 294.18 = 4.903(g)$$

(3) 根据量取浓溶液的浓度和体积，计算稀释后溶液的物质的量浓度。

$$c_{T(稀)} = \frac{n_{T(稀)}}{V_{稀}} = \frac{n_{T(浓)}}{V_{稀}} = \frac{c_{T(浓)} V_{浓}}{V_{稀}}$$

实例 5-3 精密量取 0.100 5 mol/L 的 NaOH 滴定液 10.00 mL 至 100 mL 容量瓶中，加水稀释至刻度线，则稀释后的 NaOH 滴定液的物质的量浓度是多少？

解

$$c_{NaOH(稀)} = \frac{c_{NaOH(浓)} V_{浓}}{V_{稀}} = \frac{0.100\,5 \times 10.00}{100.0} = 0.010\,05(mol/L)$$

(二) 滴定度

1. 滴定度

滴定度指每毫升滴定液(T)相当于被测组分(B)的质量，用符号 $T_{T(c)/B}$ 表示，单位是 g/mL，《中国药典》中通常使用 mg/mL。

例如，$T_{AgNO_3(0.1)/NaCl} = 5.844\,(mg/mL)$，表示 1 mL 物质的量浓度为 0.1 mol/L 的 $AgNO_3$

滴定液相当于 5.844 mg 的 NaCl。或者说，1 mL 物质的量浓度为 0.1 mol/L 的 AgNO₃滴定液，可与 5.844 mg 的 NaCl 完全反应。

说明 $T_{\text{NaOH}(0.1)/\text{HCl}}=3.646(\text{mg/mL})$ 的含义。

2. 滴定度概念的引入可以简化计算

根据滴定液和被测组分之间物质的量的关系计算分析结果时，需要利用滴定液的物质的量浓度、终点时滴定液和被测组分物质的量的关系、被测组分的摩尔质量，经过几步计算，才能由终点时消耗滴定液的体积推算出试样中被测组分的质量，进而计算试样中被测组分的百分含量。而在实际检验工作中，对于同一品种药品进行批量检验时，滴定液的物质的量浓度、终点时滴定液和被测组分物质的量的关系、被测组分的摩尔质量都是不变的，若直接利用滴定液的体积和被测组分的质量关系，计算会变得十分简便、快速。在本项目任务四的学习中，你将会有深刻的体会。

滴定度和物质的量浓度之间的换算公式为（具体推导见本项目的任务四）：

$$T_{\text{T}(c)/\text{B}}=\frac{b}{t}c_{\text{T}}M_{\text{B}}\times10^{-3} \tag{5-4}$$

（三）校正因子

滴定度是指在规定了滴定液的物质的量浓度的前提下，该滴定液对某药品的滴定度。而在实际工作中，对同一品种药品进行批量检验时，每次配制的滴定液不可能也没有必要完全相同。作为药品检验的标准，《中国药典》只给出一个标示浓度的滴定度，而要使用该滴定度，必须用校正因子进行校正。由滴定度的计算公式可知，两个不同浓度滴定液的滴定度的比值等于浓度的比值，故校正因子是指滴定液的实际浓度和标示浓度的比值，用符号 F 表示。其值应在 0.95～1.05。校正因子的计算公式为：

$$F=\frac{c_{\text{实际}}}{c_{\text{标示}}} \tag{5-5}$$

药品检验工作中，滴定液的实际浓度常用校正因子来表示。

二、滴定液的配制

滴定分析法中，要求滴定液的浓度是已知且准确的。配制准确浓度的滴定液的方法有直接配制法和间接配制法。

（一）直接配制法

直接配制法是指直接配制成准确浓度的滴定液的方法。直接配制法配制滴定液的优点是现配现用，其浓度可直接计算；缺点是须使用基准试剂，配制成本较高，且配制体积受到容量瓶的限制。

1. 基准试剂

基准试剂是指用于直接配制滴定液和标定滴定液使用的试剂。作为基准试剂，须具备的条件可概括为"纯、真、稳、重"，具体解释如下：

（1）纯。纯度高，要求在 99.9% 以上。

（2）真。试剂的组成与化学式完全相符。

（3）稳。在空气中性质稳定,如不易分解、不易风化、不易吸湿和吸收、不易被空气氧化等。

（4）重。试剂的摩尔质量较大,以减小称量误差。

常用的基准试剂见表 5-4。

表 5-4 《中国药典》中使用的基准试剂

名称	化学式	相对分子质量	使用前处理方法	标定对象
无水碳酸钠	Na_2CO_3	105.99	270～300 ℃干燥至恒重	盐酸、硫酸滴定液
苯甲酸	C_6H_5COOH	121.11	五氧化二磷减压干燥至恒重,硅胶常压干燥 24 h	甲醇钠、氢氧化四丁基铵滴定液
邻苯二甲酸氢钾	$C_6H_4(COOH)COOK$	204.22	105 ℃干燥至恒重	氢氧化钠、高氯酸滴定液
氧化锌	ZnO	81.39	约 800 ℃炽灼至恒重	EDTA 滴定液
氯化钠	$NaCl$	58.14	110 ℃干燥至恒重	硝酸汞、硝酸银滴定液
对氨基苯磺酸	$C_6H_7NO_3S$	173.19	120 ℃干燥至恒重	亚硝酸钠滴定液
草酸钠	$Na_2C_2O_4$	134.00	105 ℃干燥至恒重	高锰酸钾滴定液
重铬酸钾	$K_2Cr_2O_7$	294.18	120 ℃干燥至恒重	硫代硫酸钠滴定液
三氧化二砷	As_2O_3	197.84	105 ℃干燥至恒重	硫酸铈滴定液
碘酸钾	KIO_3	214.00	105 ℃干燥至恒重	直接配制滴定液

 知识链接

试药

《中国药典》中对试药的规定:试药系指供各项试验用的试剂,但不包括各种色谱用的吸附剂、载体与填充剂。除生化试剂与指示剂外,一般常用的化学试剂分为基准试剂、优级纯、分析纯与化学纯 4 个等级,选用时可参考以下原则:

（1）标定滴定液用基准试剂。

（2）制备滴定液可采用分析纯或化学纯试剂,但不经标定直接按称重计算浓度者,则应采用基准试剂。

（3）制备杂质限度检查用的标准溶液,采用优级纯或分析纯试剂。

（4）制备试液与缓冲液等可采用分析纯或化学纯试剂。

2. 配制要求

（1）必须使用基准试剂。

（2）必须精配。精配体现在两个方面:一方面是使用的量器必须是精密量器,如分析天平(感量为 0.1 mg)、容量瓶等;另一方面是配制的操作必须精密,如精密称定、定量转移等,这样才能保证溶质的量和溶液的体积准确,方能配制浓度准确度高的滴定液。

3. 操作步骤

直接配制法的操作一般可以概括为:估算→精密称取基准试剂→溶解→定量转移→定容→混合均匀→计算。

（1）估算:计算配制规定浓度和体积的滴定液所需的基准试剂的准确质量。例如,用

250 mL 容量瓶配制 0.010 00 mol/L 的 EDTA 滴定液,需称取基准 EDTA($M=372.24$ g/mol)的质量为:

$$m=cVM=0.010\ 00\times 0.250\times 372.24=0.930\ 6(\mathrm{g})$$

(2)精密称取基准试剂:用指定质量称量法称取指定质量的基准试剂于干燥、洁净的烧杯中。

(3)溶解:在烧杯中加适量溶剂并搅拌使其溶解。必要时,加热使其溶解。

(4)定量转移:左手将洁净的玻璃棒插入检漏合格、洗涤干净的容量瓶中,使玻璃棒的下端位于瓶口以下、刻度线以上,且贴紧容量瓶内壁,同时玻璃棒要离开瓶口。右手拿烧杯,将烧杯的尖嘴贴紧玻璃棒,使溶液顺着玻璃棒、沿着瓶内壁流入容量瓶内。将烧杯中的溶液全部转移至容量瓶后,用少量的蒸馏水洗涤烧杯、玻璃棒 2~3 次,洗涤液同法转移到容量瓶中。

(5)定容:加溶剂至液面最低点与容量瓶刻度线相切处。

(6)混合均匀:盖好瓶盖,上下翻转数次,混合均匀。

(7)计算:根据基准试剂的准确质量和配制体积,计算滴定液的浓准确度。例如,准确称取基准重铬酸钾 1.220 8 g,溶解后定量转移至 250 mL 容量瓶中,则此重铬酸钾滴定液的物质的量浓度为:

$$c=\frac{m}{MV}=\frac{1.220\ 8}{294.18\times 0.250}=0.016\ 60(\mathrm{mol/L})$$

4. 特别提示

(1)基准试剂须按照《中国药典》规定干燥至恒重后,精密称定。

(2)溶解过程中防止溶质溅失。若需加热,必须放冷至室温后方可转移。

(3)也可以使用减重称量法精密称取基准试剂,但配制后的准确浓度应在规定的范围之内。

直接配制法为什么必须使用基准试剂?

(二)间接配制法

间接配制法是先将滴定液配制成与标示浓度近似的浓度,然后进行标定的配制方法,也称标定法。没有基准试剂、无法精密称定、选择不到合适的容量瓶时,用间接配制法配制滴定液。

1. 配制要求

(1)使用分析纯化学试剂。

(2)可以粗配,使用的仪器一般为分析天平(感量 0.01 g)、烧杯、量筒。

2. 配制步骤

(1)估算:计算配制所需固体试剂的质量或液体试剂的体积。

(2)称(量)取:用托盘天平(或量筒)称(量)取溶质。

(3)溶解:固体试剂加适量的溶剂溶解。

(4)定容:在量筒中加溶剂至规定体积。

(5)混合:混合均匀,置于贮存瓶中。

（6）标定。

3. 标定

滴定液的标定是用基准试剂或另一种已知准确浓度的滴定液,通过滴定确定滴定液的准确浓度的操作过程。标定的方法有基准试剂标定法和比较标定法。

（1）基准试剂标定法。

基准试剂标定法的操作流程如图 5-1 所示。

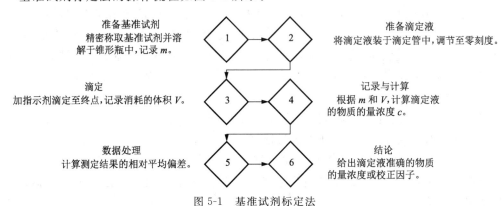

图 5-1　基准试剂标定法

实例 5-4 氢氧化钠滴定液（0.1 mol/L）的标定　取在 105 ℃ 干燥至恒重的基准邻苯二甲酸氢钾约 0.6 g,精密称定,加新沸过的冷水 50 mL,振摇,使其尽量溶解;加酚酞指示液2 滴,用本液滴定;在接近终点时,应使邻苯二甲酸氢钾完全溶解,滴定至溶液显粉红色。每1 mL 氢氧化钠滴定液(0.1 mol/L)相当于 20.42 mg 的邻苯二甲酸氢钾。

（2）比较标定法。

比较标定法的操作流程如图 5-2 所示。

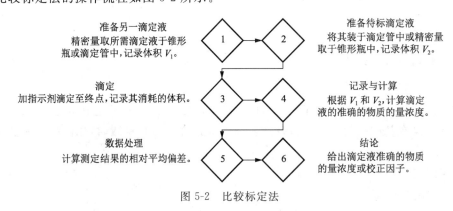

图 5-2　比较标定法

实例 5-5 硫氰酸铵滴定液（0.1 mol/L）的配制及标定　配制:取硫氰酸铵8.0 g,加水使溶解成 1 000 mL,摇匀。标定:精密量取硝酸银滴定液(0.1 mol/L)25 mL,加水 50 mL、硝酸 2 mL 与硫酸铁铵指示液 2 mL,用本液滴定至溶液微显浅棕红色,经剧烈振摇后仍不褪色,即为终点。根据本液的消耗量算出本液的物质的量浓度,即得。

（3）标定原始记录主要内容示例。

滴定液标定、配制记录如图 5-3 所示。

滴定液配制、标定记录

滴定液名称＿＿＿＿＿＿ 配制数量＿＿＿＿＿＿ 配制日期＿＿＿年＿＿＿月＿＿＿日

基准试剂名称＿＿＿＿＿ 标定温度＿＿＿＿＿＿℃ 标定日期＿＿＿年＿＿＿月＿＿＿日

指示液名称＿＿＿＿＿＿ 复标温度＿＿＿＿＿＿℃ 复标日期＿＿＿年＿＿＿月＿＿＿日

配制方法：＿＿＿＿＿＿＿＿＿＿＿＿＿＿＿＿＿＿＿＿＿＿＿＿＿＿＿。

标定记录与计算：

① 基准试剂称量记录；② 消耗滴定液体积记录；③ 浓度计算；④ 精密度计算；⑤ 结果计算。

复标记录与计算：

① 基准试剂称量记录；② 消耗滴定液体积记录；③ 浓度计算；④ 精密度计算；⑤ 结果计算。

初标与复标精密度计算：＿＿＿＿＿＿＿＿＿＿＿＿＿＿＿＿＿＿＿＿＿＿＿＿。

结论：本滴定液的物质的量浓度或校正因子值为＿＿＿＿＿＿＿＿＿＿＿＿＿＿＿＿＿。

配制人：   标定人：   复标人：

图 5-3 滴定液配制、标定记录

实例 5-6 重铬酸钾滴定液（0.016 67 mol/L）的配制 取基准重铬酸钾，在 120 ℃ 干燥至恒重后，称取 4.903 g，置 1 000 mL 容量瓶中，加水适量使溶解后并稀释至刻度，摇匀，即得。

讨论互动

分析实例 5-4、实例 5-5 和实例 5-6，讨论以下问题：

（1）重铬酸钾滴定液和硫氰酸铵滴定液分别采用了哪种配制方法？说明理由。

（2）硫氰酸铵滴定液和氢氧化钠滴定液的标定方法分别属于哪种标定方法？

（3）滴定液的直接配制法和间接配制法的不同。

三、药品检验对于滴定液的相关规定

（1）浓度要求精密标定的滴定液用"×××滴定液（YYY mol/L）"表示。例如，氢氧化钠滴定液（0.1 mol/L），其中 0.1 mol/L 为标示浓度，并非滴定液的实际浓度；实际浓度值保留 4 位有效数字。

（2）所用溶剂"水"，系指蒸馏水或去离子水，应符合《中国药典》纯化水项下的规定。

（3）配制浓度 ≤ 0.02 mol/L 的滴定液时，除另有规定外，于临用前精密量浓度 ≥ 0.1 mol/L 的滴定液适量，加新沸过的冷水或规定的溶剂定量稀释至相应的体积，浓度可直接计算。

（4）间接配制法配制的滴定液的浓度值应为其标示浓度值的 0.95～1.05 倍。

（5）配制中使用的分析天平及其砝码、容量瓶、移液管、滴定管均应经过检定合格；其校正值与标示值之比的绝对值 > 0.05% 时，应在计算中采用校正值予以补偿。

（6）标定工作应由初标者（一般为配制者）和复标者在相同条件下各做平行试验 3 次；各项原始数据经校正后，根据公式分别进行计算；3 次平行试验结果的相对平均偏差，除另

有规定外,不得＞0.1%;初标平均值和复标平均值的相对偏差也不得＞0.1%;标定结果按初标、复标的平均值计算。

(7) 配制成的滴定液必须澄清,必要时可过滤。

(8) 配制后应按《中国药典》规定的贮藏条件进行贮存,并在贮存瓶外贴上标签,标签内容见表5-5。

表5-5　×××滴定液(YYY mol/L)贮存瓶标签内容

配制或标定日期	室温	物质的量浓度或校正因子 F 值	配制人	标定人	复标人

任务四　滴定分析的计算

一、滴定分析的计算依据

滴定分析的计算依据是滴定反应。在滴定分析中,假设 T 为滴定液,B 为待测物质,P 为生成物,则滴定反应可以表示为:

$$bB + tT \Longrightarrow pP$$

化学计量点时,被测组分和滴定液的物质的量之比等于滴定反应方程式中两者的系数之比。其数学表达式为:

$$\frac{n_B}{n_T} = \frac{b}{t} \text{ 或 } n_B = \frac{b}{t}n_T \tag{5-6}$$

若待测物质 B 是溶液,则有:

$$c_B V_B = \frac{b}{t}c_T V_T \tag{5-7}$$

同样,若待测物质 B 为固体,则有:

$$\frac{m_B}{M_B} = \frac{b}{t}c_T V_T \tag{5-8}$$

$$m_B = \frac{b}{t}c_T V_T M_B \cdot 10^{-3} \tag{5-9}$$

二、滴定分析计算实例

(一) 用比较法标定滴定液的浓度

实例 5-7　精密量取 0.100 6 mol/L 的 $AgNO_3$ 滴定液 25.00 mL,标定 NH_4SCN 滴定液,终点时消耗 NH_4SCN 滴定液 25.10 mL,试计算 NH_4SCN 滴定液的物质的量浓度。

解　滴定反应为:

$$AgNO_3 + NH_4SCN \Longrightarrow AgSCN + NH_4NO_3$$

由公式(5-7)得:

$$c_{\mathrm{NH_4SCN}} \times V_{\mathrm{NH_4SCN}} = \frac{1}{1} c_{\mathrm{AgNO_3}} \times V_{\mathrm{AgNO_3}}$$

$$c_{\mathrm{NH_4SCN}} \times 25.10 = 0.100\ 6 \times 25.00$$

$$c_{\mathrm{NH_4SCN}} = 0.100\ 2 (\mathrm{mol/L})$$

(二) 用基准试剂标定滴定液的浓度

实例 5-8　精密称取基准试剂 NaCl 0.158 3 g，标定 $AgNO_3$ 滴定液，终点时消耗 $AgNO_3$ 滴定液 27.85 mL，试计算 $AgNO_3$ 滴定液的物质的量浓度。

解　滴定反应为：

$$AgNO_3 + NaCl =\!=\!= AgCl \downarrow + NaNO_3$$

由公式(5-9)得：

$$m_{\mathrm{NaCl}} = \frac{1}{1} c_{\mathrm{AgNO_3}} \times V_{\mathrm{AgNO_3}} \times M_{\mathrm{NaCl}} \times 10^{-3}$$

$$0.158\ 3 = c_{\mathrm{AgNO_3}} \times 27.85 \times 58.50 \times 10^{-3}$$

$$c_{\mathrm{AgNO_3}} = 0.097\ 16 (\mathrm{mol/L})$$

(三) 物质的量浓度和滴定度的换算

由公式(5-9)及滴定度的定义，可推导出公式(5-4)：

$$T_{\mathrm{T/B}} = \frac{b}{t} c_{\mathrm{T}} M_{\mathrm{B}} \times 10^{-3}$$

实例 5-9　试计算 1 mL NaOH 滴定液(0.1 mol/L)相当于多少克阿司匹林。

解　滴定反应为：

由公式(5-4)得：

$$T_{\mathrm{NaOH/C_9H_8O_4}} = c_{\mathrm{NaOH}} \cdot M_{\mathrm{C_9H_8O_4}} \times 10^{-3}$$

$$= 0.1 \times 180.16 \times 10^{-3}$$

$$= 0.018\ 02 (\mathrm{g/mL})$$

故 1 mL NaOH 滴定液(0.1 mol/L)相当于 0.018 02 g 的阿司匹林。

(四) 待测组分含量的计算

待测组分的含量指待测组分在供试品中所占的百分比。若供试品的质量为 m_{S}，待测组分 B 的质量为 m_{B}，则待测组分 B 含量计算的数学表达式为：

$$\mathrm{B\ 的含量} = \frac{m_{\mathrm{B}}}{m_{\mathrm{S}}} \times 100\% \tag{5-10}$$

根据滴定度的定义、$m_{\mathrm{B}} = T_{\mathrm{T/B}} V_{\mathrm{T}}$、公式(5-8)和公式(5-9)可得：

$$\mathrm{B\ 的含量} = \frac{T_{\mathrm{T/B}} V_{\mathrm{T}} F}{m_{\mathrm{S}}} \times 100\% \tag{5-11}$$

$$\mathrm{B\ 的含量} = \frac{\dfrac{b}{t} c_{\mathrm{T}} V_{\mathrm{T}} M_{\mathrm{B}} \cdot 10^{-3}}{m_{\mathrm{S}}} \times 100\% \tag{5-12}$$

《中国药典》中，凡采用滴定法的含量测定法，方法中会给出该法的滴定度，因此，在药物分析中,公式(5-11)是最常用的计算被测组分含量的公式。

实例 5-10 称取 NaCl 供试品 0.125 0 g,用 $AgNO_3$ 滴定液(0.101 1 mol/L)滴定,终点时消耗 $AgNO_3$ 21.02 mL,试计算供试品中 NaCl 的含量。每 1 mL $AgNO_3$ 滴定液(0.1 mol/L)相当于 5.844 mg 的 NaCl。

方法一 利用公式(5-12)进行计算。

解 滴定反应为:

$$AgNO_3 + NaCl \Longrightarrow AgCl\downarrow + NaNO_3$$

由公式(5-13)得:

$$NaCl\ 的含量 = \frac{\frac{1}{1}c_{AgNO_3}V_{AgNO_3}M_{NaCl}\cdot 10^{-3}}{m_S}\times 100\%$$

$$= \frac{0.101\ 1\times 21.02\times 58.44\times 10^{-3}}{0.125\ 0}\times 100\%$$

$$= 99.35\%$$

方法二 该实例中给出了该法的滴定度,因此,可利用公式(5-11)进行计算。

解

$$NaCl\ 的含量 = \frac{T_{AgNO_3/NaCl}V_{AgNO_3}F}{m_S}\times 100\%$$

$$NaCl\ 的含量 = \frac{58.44\times 10^{-3}\times 21.02\times \frac{0.101\ 1}{0.1}}{0.125\ 0}\times 100\% = 99.35\%$$

✎ 讨论互动

1. 实例 5-10 的两个解题方法有何特点与联系?

2. 精密称取草酸($H_2C_2O_4$)0.123 3 g,加水溶解,并加指示剂适量,用 NaOH 滴定液(0.102 2 mol/L)滴定至终点,消耗 NaOH 溶液 23.34 mL。试计算:① 1 mL NaOH 滴定液(0.1 mol/L)的相当于草酸($H_2C_2O_4$)的毫克数。② 供试品中草酸的含量。

(五)估算体积和质量

在滴定分析中,还可以利用以上基本公式估算消耗滴定液的体积和物质的称量质量。

实例 5-11 为标定 0.1 mol/L NaOH 滴定液的准确浓度,精密移取 20 mL 该 NaOH 滴定液用盐酸滴定液(0.120 5 mol/L)进行滴定,试计算滴定终点时约消耗盐酸滴定液(0.120 5 mol/L)的体积。

解 滴定反应为:

$$HCl + NaOH \Longrightarrow NaCl + H_2O$$

由公式(5-7)可得:

$$c_{NaOH}V_{NaOH} = \frac{1}{1}c_{HCl}V_{HCl}$$

$$0.1\times 20 = 0.120\ 5\times V_{HCl}$$

$$V_{HCl} = 16.60(mL)$$

实例 5-12 标定 0.110 0 mol/L NaOH 溶液时,为使滴定终点时消耗 NaOH 溶液的体积在 15～20 mL,应称取基准物质邻苯二甲酸氢钾的质量范围是多少?

解　滴定反应为:

$$\text{（邻苯二甲酸氢钾，COOH/COOK）} + NaOH = \text{（COONa/COOK）} + H_2O$$

根据公式(5-9),当消耗 NaOH 溶液 15 mL 时,则

$$m_{C_8H_5KO_4} = \frac{1}{1} c_{NaOH} V_{NaOH} M_{C_8H_5KO_4} \cdot 10^{-3}$$

$$= 0.110\ 0 \times 15 \times 204 \times 10^{-3}$$

$$= 0.34(g)$$

同理,当消耗 NaOH 溶液 20 mL 时,则

$$m_{C_8H_5KO_4} = \frac{1}{1} c_{NaOH} V_{NaOH} M_{C_8H_5KO_4} \cdot 10^{-3}$$

$$= 0.110\ 0 \times 20 \times 204 \times 10^{-3}$$

$$= 0.45(g)$$

故应称取基准物质邻苯二甲酸氢钾的质量范围是 0.34～0.45 g。

(六) 衍生的其他公式

实例 5-13 复方氯化钠注射液中总氯量的含量测定　精密量取注射液 10.00 mL,用浓度为 0.103 2 mol/L 的 $AgNO_3$ 滴定液滴定,至终点时消耗 $AgNO_3$ 的体积为 15.04 mL,试计算复方氯化钠注射液中总氯量的含量。

解　滴定反应为:

$$NaCl + AgNO_3 = AgCl \downarrow + NaNO_3$$

$$总氯的含量 = \frac{m_{Cl^-}}{V_S} \times 100\% = \frac{\frac{1}{1} \times c_{AgNO_3} \times V_{AgNO_3} \times M_{Cl^-}}{V_S} \times 100\%$$

$$= \frac{0.103\ 2 \times 15.04 \times 35.45}{10.00} \times 100\% = 0.55\%$$

如果给出了该法的滴定度,每 1 mL 硝酸银滴定液(0.1 mol/L)相当于 3.545 mg 的氯,则总氯含量的计算如下:

$$总氯的含量 = \frac{m_{Cl^-}}{V_S} \times 100\% = \frac{V_{AgNO_3} \times F \times T_{AgNO_3(0.1)/NaCl}}{V_S} \times 100\%$$

$$= \frac{15.04 \times \frac{0.103\ 2}{0.1} \times 3.545}{10.00} = 0.55\%$$

任务五　滴定液配制实训

实训五　重铬酸钾滴定液的配制

一、实训任务

每位同学配制 100 mL 重铬酸钾滴定液(0.016 67 mol/L)。

二、实训目的

1. 知道基准试剂的概念和要求。

2. 根据《中国药典》规定准备实训用品、设计实训方案。

3. 会使用容量瓶、定量转移等规范操作,能准确配制滴定液。

三、《中国药典》规定

取基准重铬酸钾,在 120 ℃ 干燥至恒重后,称取 4.903 g,置 1 000 mL 容量瓶中,加水适量使溶解并稀释至刻度,摇匀,即得 0.016 67 mol/L 的重铬酸钾滴定液。

四、实训用品

1. 试剂:基准重铬酸钾。

2. 仪器:所需仪器填入表 5-6 中。

表 5-6　配制重铬酸钾滴定液所需仪器

序号	仪器名称	规格型号	用途
1			
2			
3			
4			
...			

五、实训方案设计

将本实训的方案设计填入表 5-7 中。

表 5-7　重铬酸钾滴定液的配制方案

序号	分析过程	操作内容
1		
2		
3		
4		
5		
6		
7		

六、实训结果

1. 基准重铬酸钾的称量 $m =$ _____ g。

2. $c_{K_2Cr_2O_7} =$ _____ mol/L。

实训六　盐酸滴定液的标定

一、实训任务

标定盐酸滴定液(0.1 mol/L)的浓度。

二、实训目的

1. 掌握盐酸滴定液的标定方法。

2. 会规范滴定操作、判断甲基橙指示剂的滴定终点。

3. 能规范记录原始数据并进行结果计算和数据处理。

三、实训用品

1. 仪器:分析天平、锥形瓶、酸式滴定管、洗瓶。

2. 试剂:盐酸滴定液、基准无水碳酸钠、甲基橙指示剂。

四、实训内容

精密称取干燥至恒重的基准试剂无水碳酸钠约 0.12 g 各 3 份,分别置于 250 mL 锥形瓶中,加 50 mL 水溶解,并加 2 滴甲基橙指示剂,用待标定的盐酸滴定液进行滴定,待颜色由黄色变为橙色时(加热过程略),记下消耗的体积。平行测定 3 次。

$$c_{HCl} = \frac{2 \times m_{Na_2CO_3} \times 1\,000}{V_{HCl} \times M_{Na_2CO_3}}$$

五、实训结果

将盐酸滴定液标定的相关数据填入表 5-8 中。

表 5-8　盐酸滴定液标定记录

测定份数	1	2	3
$m_{Na_2CO_3}$/g			
V_{HCl}/mL			
c_{HCl}/(mol · L^{-1})			
c_{HCl}/(mol · L^{-1})			
d			
$\bar{d}$			
$\overline{Rd}$			

附计算过程:

六、实训思考

1. 制备盐酸标准滴定溶液能否采用直接法? 为什么?

2. 标定盐酸溶液时,如何计算需称取的碳酸钠基准试剂的质量?

3. 用碳酸钠基准试剂标定盐酸溶液时,可否选用酚酞作指示剂? 为什么?

4. 除用碳酸钠做基准试剂外,还可选用什么试剂标定盐酸溶液?

实训七　氢氧化钠滴定液的标定方案设计

一、实训任务

根据《中国药典》规定,设计用基准物质标定法进行氢氧化钠滴定液(0.1 mol/L)标定的方案。

二、实训目的

1. 知道标定的概念和依据。

2. 能根据《中国药典》规定合理选择实验用品、设计标定方案。

3. 能正确记录实验数据并计算实验结果。

三、《中国药典》规定

取在 105 ℃ 干燥至恒重的基准邻苯二甲酸氢钾约 0.6 g，精密称定，加新沸过的冷水 50 mL，振摇，使其尽量溶解；加酚酞指示液 2 滴，用本液滴定；在接近终点时，应使邻苯二甲酸氢钾完全溶解，滴定至溶液呈粉红色。每 1 mL 氢氧化钠滴定液相当于 20.42 mg 的邻苯二甲酸氢钾。

四、实训用品

1. 试剂。

将本实训所需的试剂填入表 5-9 中。

表 5-9　标定氢氧化钠滴定液所需试剂

序号	试剂名称	配制方法	用途
1			
2			

2. 仪器。

将本实训所需的仪器填入表 5-10 中。

表 5-10　标定氢氧化钠滴定液所需仪器

序号	仪器名称	规格型号	用途
1			
2			
3			
4			

五、实训方案设计

将本实训的方案设计填入表 5-11 中。

表 5-11　氢氧化钠滴定液的标定方案设计

序号	分析过程	操作内容
1		
2		
3		
...		

六、实训结果

1. 原始数据：＿＿＿＿＿＿＿＿＿＿＿＿＿＿＿＿＿＿＿＿＿＿＿＿＿＿＿。

2. 结果计算公式：＿＿＿＿＿＿＿＿＿＿＿＿＿＿＿＿＿＿＿＿＿＿＿。

3. 数据处理：＿＿＿＿＿＿＿＿＿＿＿＿＿＿＿＿＿＿＿＿＿＿＿＿＿。

4. 结论：＿＿＿＿＿＿＿＿＿＿＿＿＿＿＿＿＿＿＿＿＿＿＿＿＿＿＿＿。

目标检测

一、填一填

1. 滴定方式有_____、_____、_____、_____。

2. 在水溶液中进行的滴定方法主要有_____、_____、_____、_____。

3. 基准试剂必须具备的条件:_____、_____、_____、_____。

4. 滴定液的配制方法有_____、_____。

5.《中国药典》中常用的酸碱滴定液是_____和_____。

二、选一选

1. 用物质的量浓度 c 的滴定液 A 滴定被测组分 B 时,滴定度应表示为(　　)。

    A. c_A B. $T_{A(c)/B}$ C. $T_{B/A(c)}$ D. c_B

2. 用摩尔浓度表示滴定液的浓度时,其有效数字应为(　　)。

    A. 1 位   B. 2 位   C. 3 位   D. 4 位

3. 滴定过程中,根据指示剂颜色的转变而停止滴定时称为(　　)。

    A. 滴定终点   B. 化学计量点

    C. 指示剂的理论变色点   D. 滴定误差

4. 用基准物质或另一种已知准确浓度的滴定液通过滴定的方法确定滴定液准确浓度的操作过程叫(　　)。

    A. 滴定   B. 标定   C. 配制   D. 定容

5. 滴定分析中,用于滴加滴定液至终点并测量消耗滴定液体积的仪器是(　　)。

    A. 滴定管   B. 移液管   C. 容量瓶   D. 锥形瓶

6. 滴定分析中,用于直接配制滴定液的仪器是(　　)。

    A. 滴定管   B. 移液管   C. 容量瓶   D. 锥形瓶

7. 滴定分析计算的依据是化学计量点时的(　　)。

    A. 滴定液的体积和供试品的质量之间的关系

    B. 滴定液的体积和滴定液的浓度之间的关系

    C. 滴定液物质的量和被测组分物质的量之间的关系

    D. 滴定液的浓度和供试品的质量之间的关系

8. 滴定度反映了(　　)之间的关系。

    A. 滴定液的体积和物质的量   B. 滴定液的体积和被测组分的质量

    C. 滴定液的浓度和被测组分的质量   D. 滴定液的体积和供试品的质量

9. 用于直接配制滴定液的试剂是(　　)。

    A. 分析纯试剂   B. 优级纯试剂   C. 基准试剂   D. 化学纯试剂

10. 化学计量点是指(　　),滴定终点是指(　　)。

    A. 指示剂发生颜色变化的转变点

    B. 标准溶液与被测物质按化学计量关系定量反应完全的那一点

    C. 反应达到质量相等那一点

    D. 滴定管中标准溶液用完时

11. 用直接法配制标准溶液,最后应定容于(   )。

    A. 烧杯   B. 量筒   C. 试剂瓶   D. 容量瓶

12. 下列可作为基准试剂的是(   )。

    A. NaOH   B. HCl   C. H_2SO_4 D. Na_2CO_3

三、想一想

1. 采用滴定分析法测定时,需满足什么要求?

2. 什么是滴定度?为什么用它来表示滴定液的浓度?如何计算滴定液的滴定度?

3. 什么是基准试剂?基准试剂应具备什么条件?

四、算一算

1. 精密称取在270～300 ℃干燥至恒重的基准无水碳酸钠0.111 0 g,置于锥形瓶中,加水使溶解,并加1～2滴甲基橙指示剂,用待标盐酸溶液滴定至终点,用去 HCl 溶液20.60 mL,试计算 HCl 溶液的物质的量浓度,并说出碳酸钠应用什么精度的天平称取,以及加水约40 mL应用什么量器量取。(已知 $M_{Na_2CO_3} = 105.99$ g/mol)

2. 精密量取氢氧化钠(0.101 9 mol/L)滴定液 20.00 mL,置锥形瓶中,用 HCl 溶液滴定至化学计量点,用去 HCl 溶液20.80 mL,试计算 HCl 溶液的物质的量浓度,并说出氢氧化钠应选用什么量器量取。

3. 称取维生素 C 供试品 0.210 6 g,按《中国药典》规定用碘滴定液(0.103 0 mol/L)滴定至终点,用去碘滴定液23.13 mL。若每1 mL碘滴定液(0.1 mol/L)相当于8.806 mg的 $C_6H_8O_6$,试计算维生素 C 的含量。

项目六 酸碱滴定法

 学习目标

【知识目标】

1. 掌握酸碱指示剂的变色原理、变色范围及影响因素,滴定曲线的特点、影响因素及指示剂的选择原则,滴定突跃、滴定突跃范围的概念、意义。

2. 熟悉酸碱滴定法的概念,酸碱滴定曲线的概念、绘制方法,酸碱滴定的类型,常用滴定液的配制与标定。

3. 了解酸碱滴定法在药品检验中的适用范围。

【技能目标】

1. 会按照《中国药典》规定配制和标定盐酸滴定液、氢氧化钠滴定液。

2. 会按照《中国药典》规定用不同的滴定方式进行药品的分析检验。

3. 会按要求进行酸碱滴定操作,以及测量和记录实验数据并计算、分析结果。

实例分析

实例 6-1 十一烯酸的含量测定 取本品约 0.4 g,精密称定,加中性乙醇(对酚酞指示液显中性)10 mL 与酚酞指示液 3 滴,用氢氧化钠滴定液(0.1mol/L)滴定。每 1 mL 氢氧化钠滴定液(0.1 mol/L)相当于 18.43 mg 的 $C_{11}H_{20}O_2$。

实例 6-2 硼酸的含量测定 取本品 0.5 g,精密称定,加甘露醇 5 g 与新沸过的冷水 25 mL,微温使溶解,迅即放冷,加酚酞指示液 3 滴,用氢氧化钠滴定液(0.5 mol/L)滴定至显粉红色。每 1 mL 氢氧化钠滴定液(0.5 mol/L)相当于 30.92 mg 的 H_3BO_3。本品含 H_3BO_3 不得少于 99.5%。

实例 6-3 葡甲胺的含量测定 取本品约 0.4 g,精密称定,加水 20 mL 溶解后,加甲基红指示液 2 滴,用盐酸滴定液(0.1 mol/L)滴定。每 1 mL 盐酸滴定液(0.1 mol/L)相当于 19.52 mg 的 $C_7H_{17}NO_5$。

实例 6-4 氢氧化钠的含量测定 取本品 1.5 g,精密称定,加新沸过的冷水 40 mL 使溶解,放冷至室温,加酚酞指示液 3 滴,用盐酸滴定液(0.1 mol/L)滴定至红色消失,记录消耗的盐酸滴定液的体积 V_1;再加甲基橙指示液 2 滴,继续滴加盐酸滴定液至显持续的橙红色,记录消耗的盐酸滴定液体积 V_2。根据消耗的盐酸滴定液的体积 V_1 和 V_2,计算供试品中

NaOH 和 Na_2CO_3 的含量。

问题探究

上述实例中,测定的药品的性质具有哪些共同点？滴定反应属于哪种类型？

任务一　酸碱指示剂

酸碱滴定法是以酸碱中和反应为基础的滴定分析法,也称中和反应。它的应用非常广泛,一般的酸、碱以及能与酸、碱直接或间接反应的物质,理论上都可以用酸碱滴定法进行分析检验。它的许多理论不仅适用于酸碱滴定,还对其他的滴定分析法具有指导意义。

一、酸碱滴定法的概念

酸碱滴定法是利用酸碱反应,以强酸或强碱为滴定液,测定物质含量的滴定分析法。酸碱滴定法是药品检验中最常用的分析方法之一。

二、酸碱指示剂

在上述实例中,均提到加入指示剂,那么什么是指示剂？在酸碱滴定中,指示剂有什么作用？

酸碱滴定中使用的指示剂通常称为酸碱指示剂。常用的酸碱指示剂一般是结构比较复杂的有机弱酸或有机弱碱。在酸碱滴定中,必须借助指示剂在化学计量点附近颜色的转变来指示终点,颜色的转变点越靠近化学计量点,引入滴定误差就越小,所以在滴定中选择合适的指示剂是个非常重要的问题。

(一)酸碱指示剂的变色原理

在实例 6-4 氢氧化钠的含量测定中提到,先加入酚酞指示剂,滴定至红色消失;再加入甲基橙指示液,继续滴加盐酸滴定液至显持续的橙红色。那么在这个过程中,酚酞、甲基橙为什么会变色呢？是什么原因导致它们变色的？这就是我们要讨论的酸碱指示剂的变色原理。

常见的酸碱指示剂是一类结构比较复杂的有机弱酸或有机弱碱,它们在溶液中部分离解,离解前后的结构不同,不同的结构具有不同的颜色,从而在不同的 pH 溶液中呈现不同的颜色。

对于弱酸性指示剂 HIn,离解前的结构称为酸式结构,具有酸式色,离解后的结构称为碱式结构,具有碱式色。离解反应式为：

$$HIn \rightleftharpoons H^+ + In^-$$

酸式结构(酸式色)　　　　碱式结构(碱式色)

对于弱碱性指示剂 InOH,离解前的结构称为碱式结构,具有碱式色,离解后的结构称为酸式结构,具有酸式色。离解反应式为：

$$InOH \rightleftharpoons OH^- + In^+$$

碱式结构(碱式色)　　　　酸式结构(酸式色)

以酸式结构指示剂为例,离解反应达到平衡时,离解平衡常数 K_{HIn} 为：

$$K_{HIn} = \frac{[H^+][In^-]}{[HIn]} \tag{6-1}$$

故

$$\frac{K_{HIn}}{[H^+]} = \frac{[In^-]}{[HIn]} \tag{6-2}$$

指示剂溶液的颜色取决于酸式结构与碱式结构浓度的相对大小,当[HIn]大于[In⁻]时,溶液呈现酸式色;当[HIn]小于[In⁻]时,溶液呈现碱式色。在一定温度下,指示剂的K_{HIn}是个常数,因此,指示剂溶液中的[H⁺],即溶液的pH决定了[HIn]与[In⁻]的相对大小,进而决定了指示剂溶液的颜色。溶液的pH发生了变化,指示剂的颜色随之变化。

 讨论互动

酸碱指示剂的颜色是如何变化的?

(二)酸碱指示剂的变色范围

酸碱指示剂的变色原理明确了,那么溶液的pH变化多少,指示剂才会从酸式色变为碱式色,或者从碱式色改为酸式色呢?

以酸式结构指示剂为例,对指示剂离解平衡常数的两边取负对数得:

$$pK_{HIn} = pH - \lg\frac{[In^-]}{[HIn]} \tag{6-3}$$

整理得:

$$pH = pK_{HIn} - \lg\frac{[HIn]}{[In^-]} \tag{6-4}$$

在上式中,当温度一定时,K_{HIn}是个常数,所以[HIn]/[In⁻]这个比值就只与溶液的pH有关。当pH=pK_{HIn},即[HIn]=[In⁻]时,此时溶液呈现酸式色和碱式色的混合色,为变色最灵敏的一点,这一点称指示剂的理论变色点。

从理论上讲,pH>pK_{HIn}时,则[HIn]<[In⁻],此时溶液呈现碱式色;当pH<pK_{HIn}时,则[HIn]>[In⁻],此时溶液呈现酸式色。但实际情况中,人的眼睛只有当一种结构的浓度是另一种结构浓度的10倍或10倍以上时,才能看到浓度大的那种结构的颜色。

当[HIn]/[In⁻]≥10时,我们看到的是酸式色,这时pH≤pK_{HIn}-1;当[HIn]/[In⁻]≤1/10时,我们看到的是碱式色,这时pH≥pK_{HIn}+1。因此,指示剂的理论变色范围是:

$$pH = pK_{HIn} \pm 1 \tag{6-5}$$

即当溶液的pH由pK_{HIn}-1变化到pK_{HIn}+1,共2个pH单位时,人的眼睛才能够观察到指示剂颜色由酸式色到碱式色的变化。

注意:指示剂的实际变色范围一般通过实验靠人眼观察得出,由于人的眼睛对颜色的敏感程度不同,故实际变色范围和理论变色范围有出入,一般相差1.6~1.8个pH单位。

对于指示剂而言,变色范围越窄、色差越大对滴定终点的确定越有利。这样,在化学计量点附近,溶液的pH稍有改变,指示剂立即变色,即指示剂的变色范围越小,说明指示剂变色越灵敏,滴定误差小,有利于提高测定结果的准确度。

常用的酸碱指示剂及其变色范围见表6-1。

表 6-1　常用的酸碱指示剂及其变色范围

名　称	酸式色	碱式色	变色范围
喹哪啶红指示液	无色	红色	1.4～3.2
橙黄Ⅳ指示液	红色	黄色	1.4～3.2
溴酚蓝指示液	黄色	蓝绿色	2.8～4.6
二甲基黄指示液	红色	黄色	2.9～4.0
刚果红指示液	蓝色	红色	3.0～5.0
甲基橙指示液	红色	黄色	3.1～4.4
乙氧基黄叱精指示液	红色	黄色	3.5～5.5
茜素磺酸钠指示液	黄色	紫色	3.7～5.2
甲基红指示液	红色	黄色	4.2～6.3
石蕊指示液	红色	蓝色	4.5～8.0
溴甲酚紫	黄色	紫色	5.2～6.8
溴麝香草酚蓝指示液	黄色	蓝色	6.0～7.6
中性红指示液	红色	黄色	6.8～8.0
酚磺酞指示液	黄色	红色	6.8～8.4
甲酚红指示液	黄色	红色	7.2～8.8
间甲酚紫指示液	黄色	紫色	7.5～9.2
酚酞指示液	无色	红色	8.3～10.0
萘酚苯甲醇指示液	黄色	绿色	8.5～9.8
麝香草酚酞指示液	无色	蓝色	9.3～10.5
耐尔蓝指示液	蓝色	红色	10.1～11.1
孔雀绿指示液	黄色	绿色	0.0～2.0
	绿色	无色	11.0～13.5
麝香草酚蓝指示液	红色	黄色	1.2～2.8
	黄色	紫蓝色	8.0～9.6
儿茶酚紫指示液	黄色	紫色	6.0～7.0
	紫色	紫红色	7.0～9.0

✏️ 讨论互动

1. 常用的酸碱指示剂有哪些？请说出 5 种。

2. 已知某酸碱指示剂的 $pK_{HIn}=4.2$,请计算出该指示剂的理论变色范围。

（三）影响指示剂变色范围的因素

影响指示剂变色范围的因素主要有两方面:一是影响指示剂常数 K_{HIn} 的因素,主要指移动了变色范围区间的因素,如温度、溶剂等;二是影响变色范围宽度的因素,如指示剂的用量、滴定程序等。

1. 温度

温度不同,指示剂的 K_{HIn} 不同,故指示剂的变色范围不同。例如,甲基橙的变色范围,在 18 ℃时,pH 为 3.1~4.4;在 100 ℃时,pH 为 2.5~3.7。

2. 溶剂

溶剂不同,指示剂的 pK_{HIn} 不同,故指示剂的变色范围会随溶剂而变。例如,甲基橙在水溶液中 $pK_{HIn}=3.4$,而在甲醇溶液中 $pK_{HIn}=3.8$。

3. 指示剂的用量

指示剂的用量会影响变色范围,且指示剂本身是弱酸或弱碱,也会消耗滴定液或被测物,带来误差。另外,指示剂用量过多,会使终点变色迟钝。例如,在 50~100 mL 溶液中加入 2~3 滴 0.1% 酚酞,在 pH≈9 时出现微红色;而在同样情况下,加入 10~15 滴酚酞,则在 pH≈8 时出现微红色。指示剂用量太少,因颜色太浅,也会不易观察到终点。因此,以能看清指示剂颜色变化为前提,指示剂用量尽量少一点为佳。一般情况下,在 50~100 mL 溶液中加入 2~3 滴指示剂为宜。

4. 滴定程序

选择的原则:指示剂颜色变化应由浅变深,颜色变化明显,人眼容易观察辨认,滴定误差小。故应根据计量点前后酸碱变化的程序,选择颜色变化明显的指示剂。例如,酸滴定碱时,宜选用甲基橙,终点颜色由黄色变为红色;碱滴定酸时,宜选用酚酞,终点颜色由无色变为红色。

(四) 混合指示剂

混合指示剂可加大色差,缩小变色范围,提高酸碱指示剂的变色灵敏性。混合指示剂有两种配制方法:一种是在指示剂中加入一种惰性染料,另一种是将两种或两种以上的指示剂按一定比例进行混合。《中国药典》中使用的混合指示剂有甲基红-溴甲酚绿混合指示液、甲基红-亚甲蓝混合指示液、二甲基黄-亚甲蓝混合指示液、甲基橙-二甲苯蓝 FF 混合指示液、甲基橙-亚甲蓝混合指示液、甲酚红-麝香草酚蓝混合指示液、喹哪啶红-亚甲蓝混合指示液等。

例如,一种指示剂为甲基红,另一种指示剂为溴甲酚绿,它们的颜色都随溶液的 pH 不同而改变,见表 6-2。

表 6-2 甲基红-溴甲酚绿混合指示剂颜色变化

溶液的 pH	甲基红的颜色	溴甲酚绿的颜色	二者混合指示剂的颜色
pH<4	红色	黄色	酒红色
pH=5	橙色	绿色	灰色
pH>6.2	黄色	蓝色	绿色

可见,随溶液 pH 不同,甲基红的颜色变化是红色、橙色、黄色,溴甲酚绿的颜色变化是黄色、绿色、蓝色,二者都有过渡颜色,变色不敏锐。而混合指示剂的颜色变化为酒红色、灰色、绿色,从酒红色变为绿色,中间是近乎无色的灰色,变色相当敏锐。

讨论互动

影响酸碱指示剂变色范围的影响因素有哪些?说出混合指示剂的配制方法。

指示剂的发现

300多年前的一天清晨,英国年轻的科学家罗伯特·波义耳正准备到实验室去做实验,这时一位花木工为他送来一篮紫罗兰,喜爱鲜花的波义耳便带了几朵进了实验室,把鲜花放在实验桌上后便开始了实验。当他倾倒盐酸时,有少许酸沫飞溅到鲜花上,为洗掉花瓣上的酸沫,他将花瓣用水冲了一下,结果发现紫罗兰的颜色变红了。波义耳感到既新奇又兴奋,他认为,可能是盐酸使紫罗兰的颜色变红了。为进一步验证这一现象,他立即返回住所,把那篮鲜花全部拿到实验室,并取了当时已知的几种酸的稀溶液,把紫罗兰花瓣分别放入这些稀酸中,结果现象完全相同,紫罗兰都变为红色。由此他推断,不仅盐酸,而且其他各种酸都能使紫罗兰变为红色。他想,以后只要把紫罗兰花瓣放进溶液,看它是不是变红色,就可判别这种溶液是不是酸。偶然的发现,激发了波义耳的探求欲望,他采集了药草、牵牛花、苔藓、月季花、树皮和各种植物的根……泡出了多种颜色的不同浸液,并把它们放在酸或者碱中,观察产生的变色现象。他发现,有些浸液遇酸变色,有些浸液遇碱变色。有趣的是,他发现从石蕊苔藓中提取的紫色浸液,遇酸能变红色,遇碱能变蓝色,这就是最早的石蕊试液,波义耳把它称作指示剂。为使用方便,波义耳用一些浸液把纸浸透、烘干并制成纸片,使用时只要将小纸片放入被检测的溶液,纸片上就会发生颜色变化,从而显示出溶液是酸性还是碱性。我们使用的石蕊、酚酞试纸、pH试纸,就是根据波义耳的发现原理研制而成的。后来,随着科学技术的进步和发展,许多其他的指示剂也相继被另一些科学家发现。

任务二 酸碱滴定的类型

酸碱滴定过程中,随着滴定液的滴入,溶液中被测组分的量不断减少,溶液的酸碱强度也随之发生变化。为保证滴定误差符合《中国药典》规定,必须选择在化学计量点有明显颜色变化的指示剂,这不仅需要了解指示剂的变色情况和变色范围,还必须了解整个滴定过程中被测组分的量的变化情况,特别是在计量点附近的变化情况。

酸碱滴定过程中,溶液中被测组分的量的变化情况用酸碱滴定曲线来描述。酸碱滴定曲线是以溶液的pH为纵坐标,以加入滴定液的体积为横坐标,反映酸碱滴定过程中溶液的pH随加入滴定液体积变化情况的曲线。

下面我们将酸碱滴定情况分成以下几种类型来进行讨论。

一、强酸、强碱的滴定

(一) 强酸的滴定

现以 NaOH 滴定液(0.100 0 mol/L)滴定 20.00 mL HCl 溶液(0.100 0 mol/L)为例进行讨论。

1. 滴定过程

滴定过程中溶液的 pH 变化见表 6-3。

表 6-3　用 NaOH 滴定液(0.100 0 mol/L)滴定 20.00 mL HCl 溶液(0.100 0 mol/L)的 pH 变化(25 ℃)

滴定过程	加入的 NaOH		剩余的 HCl		溶液的组成（忽略水）	溶液中[H⁺]的计算公式	溶液中的[H⁺]/(mol·L⁻¹)	溶液的pH
	体积/mL	百分数/%	体积/mL	百分数/%				
滴定前	0.00	0.00	20.00	100	HCl	$[H^+]=c_{HCl}$	0.100 0	1.00
滴定开始至化学计量点前0.1%	18.00	90.00	2.00	10.00	HCl+NaCl	$[H^+]=c_{HCl(剩余)}$ $=\dfrac{c_{HCl}\times V_{HCl(剩余)}}{V_{HCl}+V_{NaOH(加入)}}$	5.26×10^{-3}	2.28
	19.80	99.00	0.20	1.00			5.02×10^{-4}	3.30
	19.98	99.90	0.02	0.10			5.00×10^{-5}	4.30
化学计量点时	20.00	100	0.00	0.00	NaCl	$[H^+]=\sqrt{K_w}$	1.00×10^{-7}	7.00
化学计量后0.1%至以后	20.02	100.10			NaOH+NaCl	$[OH^-]=c_{NaOH(过量)}$ $=\dfrac{c_{NaOH}\times V_{NaOH(过量)}}{V_{HCl}+V_{NaOH(加入)}}$	2.00×10^{-10}	9.70
	20.20	101.00					2.01×10^{-11}	10.07
	22.00	110.00					2.10×10^{-12}	11.68
	40.00	200.00					5.00×10^{-13}	12.52

2. 滴定曲线

（1）滴定曲线的绘制。

以加入 NaOH 滴定液的体积为横坐标，溶液的 pH 为纵坐标，绘制强碱滴定强酸的滴定曲线，如图 6-1 所示。

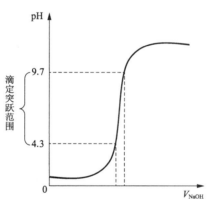

图 6-1　用 NaOH(0.100 0 mol/L)滴定 HCl 溶液(0.100 0 mol/L)的滴定曲线

（2）滴定曲线的分析。

① 从滴定开始至加入 NaOH 滴定液 19.98 mL，溶液的 pH 由 1 变化为 4.3，仅变化了 3.30 个 pH 单位，故曲线较为平坦。

② 在化学计量点附近(±0.1%)，加入 1 滴 NaOH 滴定液(0.04 mL)，溶液的 pH 由 4.30 急剧变化为 9.70，变化了 5.40 个 pH 单位，故曲线变为陡峭。这种在化学计量点附近溶液的 pH 急剧变化的情况称为滴定突跃。突跃所在的 pH 范围称为滴定突跃范围。

③ 在化学计量点后 0.1% 时，继续滴加 NaOH 滴定液，溶液的 pH 变化又越来越小，曲线又变得平坦。

3. 指示剂的选择

根据滴定分析法结果准确度的要求,滴定终点必须在化学计量点±0.1%以内,即指示剂必须能在滴定突跃范围内变色。因此,滴定突跃范围是选择指示剂的依据,凡变色范围与滴定突跃范围部分或全部重合的指示剂,均可作为该滴定的指示剂。当然,最理想的指示剂应该恰好在化学计量点时变色。

对于 NaOH 滴定液(0.100 0 mol/L)滴定 HCl 溶液(0.100 0 mol/L),其滴定突跃范围的 pH 是 4.30~9.70。根据指示剂的选择原则,查表 6-1,从溴酚蓝指示液(pH=2.8~4.6)开始,一直到麝香草酚酞指示液(pH=9.30~10.50),除二甲基黄指示剂外,原则上这些指示剂都能选。当然,除了以上因素外,还应考虑指示剂的变色灵敏度及滴定程序等因素。

4. 突跃范围与浓度的关系

由溶液中[H$^+$]的计算公式可知,影响滴定突跃范围的因素为酸、碱的浓度。例如,用 0.010 0 mol/L,1.000 0 mol/L 的 NaOH 溶液,分别滴定等浓度的 HCl 溶液时,其滴定突跃范围的 pH 分别为 5.30~8.70,3.30~10.70。由此可见,溶液的浓度越大,滴定突跃范围就越大,可供选择的指示剂就越多,越有利于滴定终点的确定。滴定液不宜配得浓度太大,否则滴定误差增大;滴定液浓度也不宜配得太小,否则滴定突跃太小,可能选择不到指示剂,滴定终点无法确定。一般合适的滴定液浓度为 0.1~1 mol/L。

(二) 强碱的滴定

以 HCl 滴定液(0.100 0 mol/L)滴定 20.00 mL NaOH 溶液(0.100 0 mol/L)为例进行讨论。滴定过程中,溶液的 pH 变化与强酸的相反,曲线形状与强酸的滴定曲线对称,如图 6-2所示。

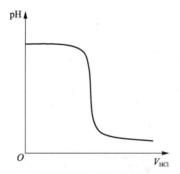

图 6-2 用 HCl(0.100 0 mol/L)滴定 NaOH 溶液(0.100 0 mol/L)的滴定曲线

📝 讨论互动

1. 什么是酸碱滴定曲线?如何绘制?
2. 什么是滴定突跃和滴定突跃范围?对酸碱滴定有什么指导意义?

二、弱酸、弱碱的滴定

(一) 强碱滴定弱酸

以 NaOH 滴定液(0.100 0 mol/L)滴定 20.00 mL HAc 溶液(0.100 0 mol/L)为例进行讨论。

1. 滴定过程

滴定过程中溶液的 pH 变化见表 6-4。

表 6-4　用 NaOH 滴定液(0.100 0 mol/L)滴定 20.00 mL HAc 溶液(0.100 0 mol/L)的 pH 变化(25 ℃)

| 滴定过程 | 加入的 NaOH | | 剩余的 HAc | | 溶液的组成（忽略水） | 溶液中[H⁺]的计算公式 | 溶液中的[H⁺]/(mol·L⁻¹) | 溶液的 pH |
	体积/mL	百分数/%	体积/mL	百分数/%				
滴定前	0.00	0.00	20.00	100	HAc	$[H^+]=\sqrt{c_a K_a}$	1.3×10^{-3}	2.89
滴定开始至化学计量点前 0.1%	18.00 19.80 19.98	90.0 99.0 99.9	2.00 0.20 0.02	10.0 1.0 0.1	HAc+NaAc	$[H^+]=K_a\times\dfrac{[HAc]}{[Ac^-]}$	1.95×10^{-6} 1.78×10^{-7} 1.70×10^{-8}	5.71 6.75 7.77
化学计量点时	20.00	100	0.00	0	NaAc	$[OH^-]=\sqrt{c_b\dfrac{K_w}{K_a}}$	1.86×10^{-9}	8.73
化学计量点后 0.1% 至以后	20.02 20.20 22.00 40.00	100.1 101.0 110.0 200.0			NaOH+NaAc	$[OH^-]=c_{NaOH(过量)}$ $=\dfrac{c_{NaOH}\times V_{NaOH(过量)}}{V_{HAc}+V_{NaOH(加入)}}$	2.00×10^{-10} 2.01×10^{-11} 2.10×10^{-12} 5.00×10^{-13}	9.70 10.07 11.68 12.52

2. 滴定曲线

（1）滴定曲线的绘制。

用 NaOH(0.100 0 mol/L)滴定等浓度的 HAc 溶液的滴定曲线如图 6-3 所示。

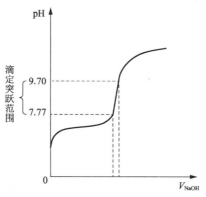

图 6-3　用 NaOH(0.100 0 mol/L)滴定 HAc 溶液(0.100 0 mol/L)的滴定曲线

（2）滴定曲线的分析。

与强酸的滴定曲线相比,弱酸的滴定曲线具有以下特点：

① 曲线起点高。HAc 为弱酸,在溶液中部分离解,[H⁺]低于 HCl 溶液,故溶液的起始 pH(pH=2.89)高于同浓度的强碱滴定强酸的起始 pH(pH=1)。

② 在化学计量点前,溶液的 pH 变化速率不同。滴定开始时,因同离子效应,[H⁺]降低较快,曲线斜率较大;随后由于剩余的 HAc 和生成的 NaAc 组成缓冲体系,[H⁺]变化很慢,曲线非常平坦;接近化学计量点时,缓冲作用减弱,pH 变化速率增大。

③ 滴定突跃范围较小。在计量点附近(±0.1%),溶液的 pH 由 7.77 变为 9.70,变化了约 2 个 pH 单位,比同浓度的强碱滴定强酸的突跃范围小约 3 个 pH 单位。由于生成的 NaAc 是强碱弱酸盐,水解呈碱性,故化学计量点处于碱性区域(pH=8.73)。

④ 滴至化学计量点后 0.1%时,溶液的 pH 变化与强酸的滴定相同。

3. 指示剂的选择

由于滴定突跃范围的 pH 为 7.77~9.70,查表 6-1,可知从中性红指示液(pH=6.8~8.0)开始,一直到麝香草酚酞指示液(pH=9.30~10.50),这些在碱性区域变色的指示剂都能选。当然,还应考虑指示剂的变色灵敏度及滴定程序等因素。

4. 影响突跃范围的因素

由溶液中[H^+]的计算公式可知,影响弱酸滴定突跃范围的因素为弱酸的强度和浓度两个因素。

(1) 当酸的浓度一定时,K_a 越大,即酸越强时,滴定突跃范围也越大。当 $K_a \leq 10^{-9}$ 时,已无明显的突跃,无法利用一般的指示剂确定它的滴定终点。

(2) 当 K_a 一定时,酸的浓度越大,滴定突跃范围也越大;酸的浓度越小,滴定突跃范围也越小。

综合考虑以上两个因素,对于弱酸,用强碱直接滴定时,要求 $c_a K_a \geq 10^{-8}$。

(二) 强酸滴定弱碱

以 HCl 滴定液(0.100 0 mol/L)滴定20.00 mL NH₃·H₂O 溶液(0.100 0 mol/L)为例进行讨论。其滴定过程中溶液的 pH 变化与弱酸的相反,曲线形状与弱酸的滴定曲线对称,如图 6-4 所示。

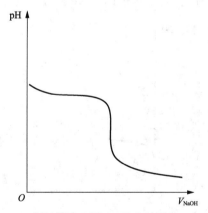

图 6-4　用 HCl(0.100 0 mol/L)滴定 NH₃·H₂O 溶液(0.100 0 mol/L)的滴定曲线

1. 滴定曲线

化学计量点时,由于强酸弱碱盐 NH₄Cl 的水解,化学计量点(pH=5.28)落在酸性区域,滴定突跃范围的 pH 为 4.30~6.24,变化了约 2 个 pH 单位。

2. 指示剂的选择

应选择在酸性区域变色的指示剂,如溴酚蓝、甲基橙、甲基红等。

3. 影响突跃范围的因素

(1) 当弱碱的浓度一定时,K_b 越大,即碱越强时,滴定突跃范围也越大。当 $K_b \leq 10^{-9}$

时,已无明显的突跃,无法利用一般的指示剂确定它的滴定终点。

(2) 当 K_b 一定时,碱的浓度越大,滴定突跃范围也越大;碱的浓度越小,滴定突跃范围也越小。

综合考虑以上两个因素,对于弱碱,用强酸直接滴定时,要求 $c_b K_b \geqslant 10^{-8}$。

(三) 弱酸与弱碱的滴定

弱碱滴定弱酸或者是弱酸滴定弱碱,由于在化学计量点附近 pH 没有明显的变化,故在滴定曲线上几乎无滴定突跃,无法选择指示剂,无法进行滴定。因此,在实际工作中,用强酸滴定弱碱或用强碱滴定弱酸,而不是弱酸与弱碱互滴。

1. 酸碱滴定法中,直接滴定应符合什么条件?

2. 强碱滴定弱酸时,应选择什么区域变色的指示剂?

三、多元酸、多元碱的滴定

(一) 多元酸的滴定

以 NaOH 滴定液(0.100 0 mol/L)滴定 20.00 mL H_3PO_4 溶液(0.100 0 mol/L)为例进行讨论。

1. 滴定过程

(1) H_3PO_4 的离解反应。

H_3PO_4 是三元酸,在水溶液中分三步离解,离解反应式为:

$$H_3PO_4 \rightleftharpoons H^+ + H_2PO_4^- \quad (K_{a_1} = 7.5 \times 10^{-3})$$

$$H_2PO_4^- \rightleftharpoons H^+ + HPO_4^{2-} \quad (K_{a_2} = 6.3 \times 10^{-8})$$

$$HPO_4^{2-} \rightleftharpoons H^+ + PO_4^{3-} \quad (K_{a_3} = 4.4 \times 10^{-13})$$

由于溶液中存在 H_3PO_4、$H_2PO_4^-$、HPO_4^{2-} 和 PO_4^{3-},所以 H_3PO_4 溶液相当于是一个集 H_3PO_4、$H_2PO_4^-$、HPO_4^{2-} 3 个不同强度的一元酸混合溶液。

(2) 滴定反应。

由于 H_3PO_4、$H_2PO_4^-$、HPO_4^{2-} 的强度不同,用 NaOH 滴定时,酸碱反应也是分步进行的,即加入的 NaOH 先和 H_3PO_4 反应生成 $H_2PO_4^-$,再和 $H_2PO_4^-$ 反应生成 HPO_4^{2-}。其滴定反应式为:

$$H_3PO_4 + OH^- \rightleftharpoons H_2PO_4^- + H_2O \quad (第一计量点)$$

$$H_2PO_4^- + OH^- \rightleftharpoons HPO_4^{2-} + H_2O \quad (第二计量点)$$

由于 HPO_4^{2-} 的离解程度很小($K_{a_3} = 4.4 \times 10^{-13}$),酸的强度太小,故不能用 NaOH 直接滴定。

(3) 溶液的 pH 变化。

① 到达第一计量点时,溶液中的 H_3PO_4 全部生成 $H_2PO_4^-$,溶液的 pH 为 4.69,可选甲基红作指示剂。计算式为:

$$[H^+] = \sqrt{K_{a_1} K_{a_2}} \tag{6-6}$$

$$pH = \frac{1}{2}(pK_{a_1} + pK_{a_2}) = \frac{1}{2}(2.16 + 7.21) = 4.69$$

② 到达第二计量点时,溶液中的 $H_2PO_4^-$ 全部生成 HPO_4^{2-},溶液的 pH 为 9.77,可选酚酞作指示剂。计算式为:

$$[H^+] = \sqrt{K_{a_2}K_{a_3}} \tag{6-7}$$

$$pH = \frac{1}{2}(pK_{a_2} + pK_{a_3}) = \frac{1}{2}(7.21 + 12.32) = 9.77$$

2. 滴定曲线

用 NaOH(0.100 0 mol/L)滴定等浓度的 H_3PO_4 溶液的滴定曲线如图 6-5 所示。

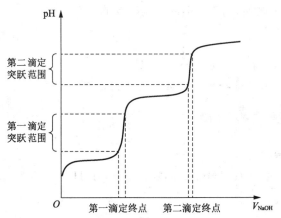

图 6-5　用 NaOH(0.100 0 mol/L)滴定 H_3PO_4 溶液(0.100 0 mol/L)的滴定曲线

3. 滴定条件

判断多元酸有几个突跃,是否能准确分步滴定,通常根据以下两个原则来确定:

(1)各个一元酸能够被直接滴定的条件是 $c_aK_a \geqslant 10^{-8}$。

(2)各酸能够分步滴定,即各酸能分别产生滴定突跃的条件是 $K_{a_n}/K_{a_{n+1}} \geqslant 10^4$。

(二)多元碱的滴定

多元碱的滴定条件与多元酸相似。

各个一元碱能够被直接滴定的条件是 $c_bK_b \geqslant 10^{-8}$。

各碱能够分步滴定,即各碱能分别产生滴定突跃的条件是 $K_{b_n}/K_{b_{n+1}} \geqslant 10^4$。

四、盐的滴定

盐能否被酸或碱滴定,不仅要看盐水解后是否呈酸性或碱性,还要看水解后呈现的酸性或碱性的强弱。

例如,NaAc 水解后显碱性,但由于其对应的 HAc 的酸性较强,其盐的碱性太弱,计量点滴定突跃不明显,故不能用 HCl 直接滴定;Na_2CO_3 水解后也显碱性,其对应的 H_2CO_3 的酸性较弱,其盐水解后的碱性较强,故可以用 HCl 直接滴定。

以 HCl 滴定液(0.100 0 mol/L)滴定 20.00 mL Na_2CO_3 溶液(0.100 0 mol/L)为例进行讨论。

Na_2CO_3 在水溶液中分两步离解,离解反应式为:

$$CO_3^{2-} + H_2O \rightleftharpoons OH^- + HCO_3^-$$

$$HCO_3^- + H_2O \Longrightarrow OH^- + H_2CO_3$$

相当于在溶液中存在 CO_3^{2-}、HCO_3^- 两个不同强度的一元碱。

1. 滴定反应

用 HCl 滴定时,酸碱反应也是分步进行的,即加入的 HCl 先和 CO_3^{2-} 反应生成 HCO_3^-,再和 HCO_3^- 反应生成 H_2CO_3。滴定反应式为:

$$CO_3^{2-} + H^+ \Longrightarrow HCO_3^-$$
$$HCO_3^- + H^+ \Longrightarrow H_2CO_3$$

2. 溶液的 pH

(1) 到达第一计量点时,溶液中的 CO_3^{2-} 全部生成 HCO_3^-,溶液的 pH 为 8.31,可选酚酞作指示剂。计算式为:

$$[H^+] = \sqrt{K_{a_1} K_{a_2}}$$
$$pH = \frac{1}{2}(pK_{a_1} + pK_{a_2}) = \frac{1}{2}(6.37 + 10.25) = 8.31$$

(2) 到达第二计量点时,溶液中的 HCO_3^- 全部生成 H_2CO_3,饱和溶液的浓度约为 0.04 mol/L,溶液的 pH 为 3.89,可选甲基橙作指示剂。《中国药典》中使用的是甲基红-溴甲酚绿混合指示剂。计算式为:

$$[H^+] = \sqrt{c_a K_{a_1}} = \sqrt{0.04 \times 4.3 \times 10^{-7}} = 1.3 \times 10^{-4}(mol/L) \tag{6-8}$$
$$pH = 3.89$$

为防止形成 CO_2 过饱和溶液,而使溶液的酸度稍稍增大,终点稍有提前,因此,《中国药典》规定,在接近终点时,应将溶液煮沸,以除去 CO_2,待冷却后再滴定至终点。

3. 滴定曲线

用 HCl(0.100 0 mol/L)滴定等浓度的 Na_2CO_3 溶液的滴定曲线如图 6-6 所示。

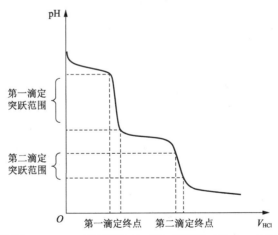

图 6-6　用 HCl(0.100 0 mol/L)滴定 Na_2CO_3 溶液(0.100 0 mol/L)的滴定曲线

4. 滴定条件

由此可见,组成强碱弱酸盐的弱酸部分的酸性越弱($K_a < 10^{-7}$),其盐水解后碱性就越强,就越易被酸滴定;组成强酸弱碱盐的弱碱部分越弱($K_b < 10^{-7}$),其盐水解后的酸性就越

强,就越易被碱滴定。所以,一种盐能被直接滴定的条件就是组成盐的弱酸或弱碱必须符合 $c_a K_a$(或 $c_b K_b$)$< 10^{-8}$。

任务三 酸碱滴定液

《中国药典》中,酸碱滴定法的酸滴定液有盐酸滴定液和硫酸滴定液,碱滴定液有氢氧化钠滴定液、乙醇制氢氧化钾滴定液和甲醇制氢氧化钾滴定液。其中,常用的酸碱滴定液是盐酸滴定液(0.1 mol/L)和氢氧化钠滴定液(0.1 mol/L)。

一、盐酸滴定液(0.1 mol/L)

(一)《中国药典》规定

【配制】取盐酸 9 mL,加水适量使成 1 000 mL,摇匀。

【标定】取在 270～300 ℃干燥至恒重的基准无水 Na_2CO_3 约 0.15 g,精密称定,加水 50 mL 使溶解,加甲基红-溴甲酚绿混合指示液 10 滴,用本液滴定至溶液由绿色变为紫红色时,煮沸 2 min,冷却至室温,继续滴定至溶液由绿色变为暗紫色。每 1 mL 盐酸滴定液相当于 5.30 mg 的 Na_2CO_3。根据本液的消耗量与无水碳酸钠的取用量,算出本液的浓度,即得。

(二)《中国药典》规定解析

1. 盐酸滴定液的配制原理

盐酸具有挥发性,盐酸滴定液的配制只能采用间接配制法。常用的盐酸试剂的含量约为 37%,密度为 1.19 g/mL,物质的量浓度为:

$$c_{浓HCl} = \frac{1\,000 \times w \times \rho}{M} = \frac{1\,000 \times 37\% \times 1.19}{36.46} \approx 12 (mol/L)$$

由稀释公式 $c_{稀} V_{稀} = c_{浓} V_{浓}$ 可知,配制 1 000 mL 标示浓度为 0.1 mol/L 的盐酸滴定液,应量取浓盐酸的体积为:

$$V_{浓HCl} = \frac{c_{标示} \times V_{标示}}{c_{浓HCl}} = \frac{0.1 \times 1\,000}{12} = 8.3 (mL)$$

由于市售的盐酸纯度不够,且具有挥发性,为使配制的盐酸滴定液浓度不低于 0.1 mol/L,配制时应量取市售盐酸 9 mL。

2. 盐酸滴定液的标定原理

盐酸滴定液采用基准无水 Na_2CO_3 进行标定,选用甲基红-溴甲酚绿混合指示剂来指示反应的终点。标定反应为:

$$Na_2CO_3 + 2HCl \Longrightarrow 2NaCl + H_2O + CO_2 \uparrow$$

依据称取基准无水 Na_2CO_3 试剂的质量和终点时消耗盐酸滴定液的体积,可以计算出盐酸滴定液的准确浓度。计算公式为:

$$\left(\frac{m}{M \times 10^{-3}}\right)_{Na_2CO_3} : (cV)_{HCl} = 1 : 2 \tag{6-9}$$

$$c_{HCl} = \frac{2m_{Na_2CO_3}}{M_{Na_2CO_3} \times 10^{-3} \times V_{HCl}} \tag{6-10}$$

二、氢氧化钠滴定液(0.1 mol/L)

(一)《中国药典》规定

【配制】取氢氧化钠适量,加水振摇使溶解成饱和溶液,冷却后,置聚乙烯塑料瓶中,静置数日,澄清后备用。取澄清的氢氧化钠饱和溶液 5.6 mL,加新沸过的冷水使成 1 000 mL,摇匀。

【标定】取在 105 ℃ 干燥至恒重的基准邻苯二甲酸氢钾约 0.6 g,精密称定,加新沸过的冷水 50 mL,振摇,使其尽量溶解;加酚酞指示液 2 滴,用本液滴定;在接近终点时,应使邻苯二甲酸氢钾完全溶解,滴定至溶液呈粉红色。每 1 mL 氢氧化钠滴定液相当于 20.42 mg 的邻苯二甲酸氢钾。根据本液的消耗量与邻苯二甲酸氢钾的取用量,算出本液的浓度,即得。

【贮藏】置聚乙烯塑料瓶中,密封保存;塞中有 2 孔,孔内各插入 1 支玻璃管,其中一管与钠石灰干燥管相连,一管供吸出本液使用。

(二)《中国药典》规定解析

1. NaOH 滴定液的配制原理

NaOH 极易与空气中的 CO_2 反应生成 Na_2CO_3,NaOH 滴定液中若存在 Na_2CO_3,将导致酸碱反应关系的不确定,应予以消除。因此,利用 Na_2CO_3 在 NaOH 饱和溶液中不溶的性质,先配制成 NaOH 饱和溶液。

NaOH 饱和溶液的配制:取 NaOH 500 g,分次加入盛有 450～500 mL 水的 1 000 mL 烧杯中,边加边搅拌使溶解成饱和溶液,冷至室温,全部转移至聚乙烯试剂瓶中,密塞,静置一周,使 Na_2CO_3 和过量的 NaOH 沉于底部,得到上部澄清的 NaOH 饱和溶液。

取澄清的 NaOH 饱和溶液 5.6 mL,并用新沸过的冷水稀释至 1 000 mL,以消除 Na_2CO_3 和 CO_2 的影响。

因氢氧化钠滴定液能腐蚀玻璃,所以贮藏于聚乙烯试剂瓶中。为了避免其与空气中的 CO_2 反应,故盛放氢氧化钠滴定液的聚乙烯试剂瓶与钠石灰干燥管相连。

2. NaOH 滴定液的标定

氢氧化钠滴定液用基准邻苯二甲酸氢钾标定,滴定的终点用酚酞指示液确定。标定反应为:

$$\underset{\text{COOK}}{\overset{\text{COOH}}{\bigcirc}} + NaOH \Longrightarrow \underset{\text{COOK}}{\overset{\text{COONa}}{\bigcirc}} + H_2O$$

由称取基准邻苯二甲酸氢钾的质量和消耗的 NaOH 滴定液的体积可以计算出 NaOH 滴定液的准确浓度。计算公式为:

$$\left(\frac{m}{M \times 10^{-3}}\right)_{KHC_8H_4O_4} : (c_{NaOH}V_{NaOH}) = 1 : 1 \tag{6-11}$$

$$c_{NaOH} = \frac{m_{KHC_8H_4O_4}}{M_{KHC_8H_4O_4} \times 10^{-3} \times V_{NaOH}} \tag{6-12}$$

讨论互动

1. 盐酸滴定液和氢氧化钠滴定液的配制方法是什么?为什么?

2. 标定盐酸滴定液和氢氧化钠滴定液的基准试剂分别是什么？

3. 氢氧化钠滴定液如何贮藏？为什么？

任务四　酸碱滴定法在药品检验中的应用

酸碱滴定法在药品定量分析中主要用于能与酸碱滴定液直接或间接反应的药品的含量测定。若滴定反应能全部满足方法要求，则可以采用直接滴定法；若滴定反应不能完全满足方法要求，可以采用剩余滴定法、置换滴定法及其他间接滴定操作法。

酸碱滴定法的测定过程如图 6-7 所示。

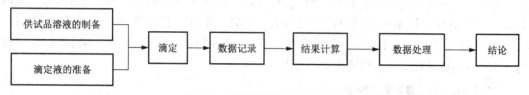

图 6-7　酸碱滴定法的测定过程

一、直接滴定法

强碱滴定液可直接滴定强酸、弱酸（$c_a K_a \geqslant 10^{-8}$）、多元酸及一些强酸弱碱盐等，强酸滴定液可直接滴定强碱、弱碱（$c_b K_b \geqslant 10^{-8}$）、多元碱及一些强碱弱酸盐等。

这类滴定法在《中国药典》中主要用于十一烯酸、苯甲酸、阿司匹林、牛磺酸、双水杨酯和帕米膦酸二钠的测定等。

实例 6-5 阿司匹林含量的测定　取本品约 0.4 g，精密称定，加中性乙醇（对酚酞指示剂显中性）20 mL，溶解后，加酚酞指示液 3 滴，用氢氧化钠滴定液（0.1 mol/L）滴定至终点。每 1 mL 氢氧化钠滴定液（0.1 mol/L）相当于 18.02 mg 的 $C_9H_8O_4$。

在该实例中，阿司匹林的酸性较强，可用 NaOH 滴定液直接滴定。由于在水溶液中酯键易水解成醋酸和水杨酸，影响测定结果的准确度，故在中性乙醇溶液中滴定。

滴定反应为：

乙酰水杨酸的含量为：

$$C_9H_8O_4 \text{ 的含量} = \frac{c_{NaOH} V_{NaOH} M_{C_9H_8O_4} \times 10^{-3}}{m_{供试品}} \times 100\%$$

或

$$C_9H_8O_4 \text{ 的含量} = \frac{V_{NaOH} F T_{NaOH/C_9H_8O_4}}{m_{供试品}} \times 100\%$$

二、间接滴定法

某些物质的酸碱性太弱，不能被酸碱直接滴定，但它们能与酸、碱或其他物质起定量反应，使生成物的酸碱性增强，从而使滴定反应能够进行，可采用置换滴定法；而有些物质溶解度小、反应速度较慢或其他原因不能直接滴定,可采用剩余量滴定法或其他间接滴定法。

(一) 置换滴定法

实例 6-6　硼酸的含量测定　取本品约 0.5 g,精密称定,加甘露醇 5 g 与新沸过的冷水 25 mL,微温使溶解,迅即放冷,加酚酞指示液 3 滴,用氢氧化钠滴定液(0.5 mol/L)滴定至显粉红色。每 1 mL 氢氧化钠滴定液(0.5 mol/L)相当于 30.92 mg 的 H_3BO_3。

在该实例中,H_3BO_3 的酸性极弱,不能直接滴定,但 H_3BO_3 可与多元醇如甘露醇反应生成酸性较强的配合物,因此,用置换滴定测定 H_3BO_3 的含量。

置换反应式为:

$$2\text{CHOH} + H_3BO_3 \Longrightarrow H\left[\text{（配合物）}\right] + 3H_2O$$

滴定反应式为:

$$H\left[\text{（配合物）}\right] + NaOH \Longrightarrow Na\left[\text{（配合物）}\right] + H_2O$$

硼酸的含量为:

$$H_3BO_3 \text{ 的含量} = \frac{c_{NaOH}V_{NaOH}M_{H_3BO_3} \times 10^{-3}}{m_{供试品}} \times 100\%$$

(二) 剩余量滴定法

实例 6-7　碳酸锂的含量测定　取本品约 1 g,精密称定,加水 50 mL,精密加硫酸滴定液(0.5 mol/L)50 mL,缓缓煮沸使二氧化碳除尽,冷却,加酚酞指示液,用氢氧化钠滴定液(1 mol/L)滴定,并将滴定的结果用空白试验校正。每 1 mL 硫酸滴定液(0.5 mol/L)相当于 36.95 mg 的 Li_2CO_3。

在该实例中,碳酸锂在水中的溶解度较小,故含量测定采用剩余滴定。

滴定反应式为:

$$Li_2CO_3 + H_2SO_4(定量且过量) \Longrightarrow Li_2SO_4 + H_2CO_3$$

剩余滴定反应式为:

$$2NaOH + H_2SO_4(剩余) \Longrightarrow Na_2SO_4 + 2H_2O$$

碳酸锂的含量为:

$$Li_2CO_3 \text{ 的含量} = \frac{c_{H_2SO_4}V_{H_2SO_4} - \frac{1}{2}c_{NaOH}V_{NaOH}M_{Li_2SO_4} \times 10^{-3}}{m_{供试品}} \times 100\%$$

讨论互动

1. 阿司匹林可以直接滴定吗?为什么用中性乙醇作溶剂?

2. 酸碱滴定法测定碳酸锂的含量时,采用了哪一种滴定方式?为什么?

3. 酸碱滴定法测定硼酸含量时,为什么加入甘露醇?

双指示剂法

NaOH 是强碱,极易吸收空气中的 CO_2 生成 Na_2CO_3,故 NaOH 中常混有 Na_2CO_3,常常采用双指示剂法测定其中的 NaOH 和 Na_2CO_3 的含量。

原理:在混合碱的试液中用 HCl 标准溶液滴定,用酚酞作指示剂,当溶液由红色恰好褪为无色时,消耗的滴定液的体积为 V_1,此时试液中的 NaOH 完全被中和,Na_2CO_3 也被滴定成 $NaHCO_3$。此时是第一个化学计量点,反应式如下:

$$NaOH + HCl = NaCl + H_2O$$
$$Na_2CO_3 + HCl = NaHCO_3 + NaCl$$

再加入甲基橙指示剂,继续用 HCl 标准溶液滴定至溶液由黄色变为橙色,消耗的滴定液的体积为 V_2,此时 $NaHCO_3$ 被中和成 H_2CO_3。此时是第二个化学计量点,反应式如下:

$$NaHCO_3 + HCl = NaCl + H_2O + CO_2\uparrow$$

依据这两步实验所消耗的盐酸的体积 V_1 和 V_2 的相对关系,便可判断溶液的成分:NaOH 消耗的 HCl 的体积为 $V_1 - V_2$,Na_2CO_3 消耗的 HCl 的体积为 $2V_2$。

NaOH 和 Na_2CO_3 的含量分别为:

$$NaOH \text{ 的含量} = \frac{c_{HCl} \times (V_1 - V_2) \times M_{NaOH} \times 10^{-3}}{m_{供试品}} \times 100\%$$

$$Na_2CO_3 \text{ 的含量} = \frac{\frac{1}{2}c_{HCl} \times 2V_2 \times M_{Na_2CO_3} \times 10^{-3}}{m_{供试品}} \times 100\%$$

任务五　酸碱滴定法实训

实训八　食醋中总酸度的测定

一、实训任务

掌握用酸碱滴定法测定样品含量的方法。

二、实训要求

1. 会用酸碱滴定法进行测定并能正确记录实验数据。

2. 会正确使用容量瓶、移液管和碱式滴定管。

3. 会正确计算和表示分析结果。

三、实训内容

精密量取 10 mL 食醋样品液,置于 100 mL 量瓶中,加水适量使样品溶解,并用水稀释至刻度,摇匀。再精密量取 25 mL 稀释的样品液 3 份,分别置于 250 mL 锥形瓶中,各加入酚酞指示剂 2 滴,用滴定液(0.1mol/L)滴定至溶液显淡粉红色并持续 30 s 不褪色,即为终点。

滴定反应式为:

$$NaOH + HAc = NaAc + H_2O$$

HAc 的含量为：

$$HAc\text{ 的含量} = \frac{c_{NaOH}V_{NaOH}M_{HAc} \times 10^{-3}}{V_{HAc} \times 10/100} \times 100\%$$

四、实训用品

根据实训原理及操作要求，准备实训用品，并将其填入表 6-5 中。

表 6-5 食醋中总酸度的测定所需实训用品

序号	实训仪器或试剂	规格型号	数量
1			
2			
...			

五、实训方案设计

根据实训原理及操作要求，请设计实训方案。

六、实训结果

将滴定的相关数据填入表 6-6 中。

表 6-6 滴定记录及计算

供试品名称		滴定液名称		指示剂名称	
终点时消耗滴定液的体积/mL	第一份		第二份		第三份	
食醋的含量	第一份		第二份		第三份	
食醋的平均含量					
精密度计算					
结论					

目标检测

一、选一选

1. NaOH 滴定液(0.100 0 mol/L)滴定 HCl 溶液(0.1 mol/L)时，滴定突跃范围的 pH 为 4.30～9.70。若酸、碱的浓度均为 1 mol/L，则滴定突跃范围的 pH 为（   ）。

    A. 4.30～10.70   B. 3.30～8.70   C. 3.30～10.70   D. 5.30～8.70

2. 弱酸能否直接滴定的判定条件是（   ）。

    A. $c_aK_a \geqslant 10^{-8}$ B. $c_aK_a \leqslant 10^{-8}$ C. $c_aK_a \geqslant 10^{-10}$ D. $c_aK_a \leqslant 10^{-10}$

3. 酸碱滴定中，最常用的酸滴定液是（   ）。

    A. HCl 滴定液   B. H_2SO_4 滴定液

    C. HNO_3 滴定液   D. HAc 滴定液

4. 酸碱滴定法中，选择酸碱指示剂的依据是（   ）。

    A. 指示剂的变色范围   B. $c_aK_a \geqslant 10^{-8}$

    C. 酸碱滴定突跃范围   D. 试样的用量

5. 有一种碱样品,可能是 $NaOH$、Na_2CO_3、$NaHCO_3$ 或它们的混合物。用 HCl 滴定液滴定至酚酞变色时,消耗滴定液的体积为 V_1;继续滴定至甲基橙变色时,又消耗滴定液的体积为 V_2。若 $V_1 > V_2$,则碱的组成是(   )。

    A. $NaOH + Na_2CO_3$ B. $NaHCO_3$

    C. Na_2CO_3 D. $Na_2CO_3 + NaHCO_3$

6. $NaOH$ 溶液的标签浓度为 $0.300\ mol/L$,该溶液从空气中吸收了少量的 CO_2,现以酚酞为指示剂,用标准 HCl 溶液标定,则标定结果比标签浓度(   )。

    A. 高   B. 低   C. 不变   D. 无法确定

7. 用无水 Na_2CO_3 标定 HCl 浓度时,未经在 $270 \sim 300\ ℃$ 烘烤,则标定的浓度(   )。

    A. 偏高   B. 偏低   C. 正确   D. 无影响

8. 用 $NaOH$ 滴定 HAc,化学计量点时溶液呈(   )。

    A. 酸性   B. 碱性   C. 中性   D. 酸碱两性

9. 用浓度相同的 $NaOH$ 滴定不同的弱酸,若弱酸的 K_a 越大,则(   )。

    A. 消耗 $NaOH$ 越多   B. 滴定突跃越大

    C. 滴定突跃越小   D. 指示剂颜色变化越不明显

10. 下列多元酸或混合酸中,用 $NaOH$ 滴定出现两个突跃的是(   )。

    A. H_2S($K_{a_1} = 1.3 \times 10^{-7}$,$K_{a_2} = 7.1 \times 10^{-15}$)

    B. $H_2C_2O_4$($K_{a_1} = 5.9 \times 10^{-2}$,$K_{a_2} = 6.4 \times 10^{-5}$)

    C. H_3PO_4($K_{a_1} = 7.6 \times 10^{-3}$,$K_{a_2} = 6.3 \times 10^{-8}$,$K_{a_3} = 4.4 \times 10^{-13}$)

二、填一填

1. 用浓度相同的 $NaOH$ 滴定不同的弱酸,若弱酸的 K_a 越大,则_____。

2. 某酸碱指示剂的 $pK = 8.89$,该指示剂的理论变色范围为_____。

3. 一元弱酸能否被滴定的条件是_____,一元弱碱能否被滴定的条件是_____。

4. 滴定突跃范围有重要的实际意义,它是我们选择_____的依据。

三、判一判

1. 酸碱指示剂的变色范围是越窄越好。   (　　)

2. 用强碱滴定弱酸,化学计量点时 pH 为 7。   (　　)

3. $0.001\ mol/L$ 的醋酸盐($K_a = 8 \times 10^{-6}$)能用强酸准确滴定。   (　　)

4. 用 HCl 标准溶液滴定 $NH_3 \cdot H_2O$,化学计量点时溶液呈酸性。   (　　)

5. 酸碱滴定中,滴定液的浓度越大,滴定突越范围越大。   (　　)

四、想一想

1. 酸碱指示剂为什么会变色?影响酸碱指示剂的变色因素是什么?

2. 指示剂的选择依据和原则是什么?

3. 什么是滴定曲线?不同的滴定类型中,化学计量点时溶液呈酸性还是碱性?

五、算一算

1. 市售浓硫酸的密度为 $1.84\ g/mL$,含量为 98%,该硫酸的物质的量浓度为多少?若想配制 $0.1\ mol/L$ 的硫酸溶液 $500\ mL$,应取浓硫酸多少毫升?

2. 用无水 Na_2CO_3 标定 HCl 溶液,若使滴定时消耗的 HCl 溶液($0.100\ 0\ mol/L$)为 $20 \sim 25\ mL$,试求应取基准物质 Na_2CO_3 的克数。(已知 $M_{Na_2CO_3} = 106\ g/mol$)

3. 称取邻苯二甲酸氢钾($KHC_8H_4O_4$)基准物质 0.456 8 g,标定 NaOH 溶液,终点时用去此 NaOH 溶液 22.26 mL,求 NaOH 溶液的浓度。(已知 $M_{KHC_8H_4O_4}=204.2$ g/mol)

4. 取硼酸 0.568 1 g,精密称定,加甘露醇 5 g 与新沸过的冷水 25 mL,微温使溶解,迅即放冷,加酚酞指示液 3 滴,用氢氧化钠滴定液(0.498 1 mol/L)滴定至显粉红色,终点时消耗氢氧化钠滴定液 18.21 mL,请计算硼酸的含量。每 1 mL 氢氧化钠滴定液(0.5 mol/L)相当于 30.92 mg 的 H_3BO_3。

项目七 非水酸碱滴定法

 学习目标

【知识目标】

1. 掌握非水溶剂的分类、特点和选择原则,非水溶剂的性质及其对滴定的影响,非水酸碱滴定液的配制和标定。

2. 熟悉酸碱质子理论,非水酸碱滴定法的概念、特点,非水酸碱滴定法与酸碱滴定法的区别。

3. 了解非水酸碱滴定法在药品检验中的适用范围。

【技能目标】

1. 会按照《中国药典》规定配制和标定非水酸碱滴定法的滴定液。

2. 会根据《中国药典》规定、非水酸碱滴定法操作规程进行相关药品的分析检验。

3. 会正确记录实验数据并计算结果。

实例分析

实例 7-1 马来酸麦角新碱的含量测定 取本品约 60 mg,精密称定,加冰醋酸 20 mL,溶解后,加结晶紫指示液 1 滴,用高氯酸滴定液(0.05 mol/L)滴定至溶液显蓝绿色,并将滴定的结果用空白试验校正。每 1 mL 高氯酸滴定液(0.05 mol/L)相当于 22.07 mg 的 $C_{19}H_{23}N_3O_2 \cdot C_4H_4O_4$。

实例 7-2 盐酸多巴胺的含量测定 取本品约 0.15 g,精密称定,加冰醋酸 25 mL,煮沸使溶解,冷却至约 40 ℃,加醋酸汞试液 5 mL,放冷,加结晶紫指示液 1 滴,用高氯酸滴定液(0.1 mol/L)滴定至溶液显蓝绿色,并将滴定的结果用空白试验校正。每 1 mL 高氯酸滴定液(0.1 mol/L)相当于 18.96 mg 的 $C_8H_{11}NO_2 \cdot HCl$。

实例 7-3 氯硝柳胺的含量测定 取本品约 0.3 g,精密称定,加 N,N-二甲基甲酰胺 60 mL 溶解后,按照电位滴定法,用甲醇钠滴定液(0.1 mol/L)滴定,并将滴定的结果用空白试验校正。每 1 mL 甲醇钠滴定液(0.1 mol/L)相当于 32.71 mg 的 $C_{13}H_8Cl_2N_2O_4$。

实例 7-4 磺胺异噁唑的含量测定 取本品约 0.5 g,精密称定,加 N,N-二甲基甲酰胺 40 mL 使溶解,加偶氮紫指示液 3 滴,用甲醇钠滴定液(0.1 mol/L)滴定至溶液恰显蓝色,并将滴定的结果用空白试验校正。每 1 mL 甲醇钠滴定液(0.1 mol/L)相当于 26.73 mg 的 $C_{11}H_{13}N_3O_3S$。

以上实例中,采用的溶剂有什么特点?

任务一 非水酸碱滴定法概述

一、非水酸碱滴定法的概念

大多数情况下,滴定分析是在水溶液中进行的。水作为溶剂,有许多优点,如溶解能力强、无毒性、无污染、价廉、安全、易操作、易处理等,所以水是滴定分析的首选溶剂。但有的情况下,水作为溶剂达不到滴定要求。例如,样品在水中溶解度太小,某些酸($c_aK_a<10^{-8}$)、碱($c_bK_b<10^{-8}$)或盐的酸碱性太弱,使得滴定时滴定突跃范围太小而无法选择到合适的指示剂等,这就需要选择水以外的溶剂了。

水以外的溶剂(有机溶剂和不含水的无机溶剂)叫作非水溶剂。在非水溶剂中进行滴定的方法,称为非水滴定法。选择某些适当的非水溶剂,不仅可以增大有机物的溶解度,还能使化合物的酸度或者碱度增加,使滴定顺利进行,从而扩大酸碱滴定法的应用范围。非水滴定法包括非水酸碱滴定法、非水氧化还原滴定法、非水沉淀滴定法及非水配位滴定法,其中非水酸碱滴定法应用最广。下面主要介绍非水酸碱滴定法。

二、非水酸碱滴定法的分类

根据被滴定物质的性质,非水酸碱滴定法可分为弱酸的滴定和弱碱的滴定两大类。

(一)弱酸的滴定

对于在水溶液中不能直接滴定的弱酸,应选择碱性溶剂,以增强弱酸的酸性,使滴定突跃明显,能够用碱滴定液直接滴定。滴定弱酸的溶剂应根据弱酸的酸性强弱来选择,一般用醇、乙二胺或二甲基甲酰胺等;常用的指示剂有偶氮紫、麝香草酚蓝等;滴定液一般常用甲醇钠的苯-甲醇溶液、氢氧化四丁基铵滴定液等。

(二)弱碱的滴定

对于在水溶液中不能直接滴定的弱碱,应选择酸性溶剂,以增强弱碱的碱性,使滴定突跃明显,能够用酸滴定液直接滴定。滴定弱碱最常用的溶剂是冰醋酸或者冰醋酸与醋酐的混合溶剂;指示剂一般是结晶紫、喹哪啶红等;滴定液一般常用高氯酸的冰醋酸溶液。

三、非水酸碱滴定法的特点

(1)增大有机物的溶解度(相似相溶)。

(2)改变物质的酸碱性,扩大滴定范围,使突跃明显。在水中不能滴定的弱酸($c_aK_a<10^{-8}$)、弱碱($c_bK_b<10^{-8}$)、弱酸盐和弱碱盐,选择合适的非水溶剂可以直接滴定。

(3)非水溶剂价格较高。一般采用半微量法,使用 10 mL 滴定管来滴定,以消耗滴定液(0.1 mol/L)在 10 mL 以内为宜。

(4)具有一切滴定法的特点,如快速、准确、设备简单等。

任务二　非水酸碱滴定法的基本原理

一、酸碱质子理论

（一）酸、碱的概念

1. 酸、碱的定义

酸碱质子理论认为，能够给出质子的物质是酸，能够接受质子的物质是碱。例如，HCl、NH_4^+、$H_2PO_3^-$ 等能给出质子，它们都是酸；NH_3、Cl^-、HCO_3^- 等能接受质子，它们都是碱。酸和碱之间的关系是共轭关系，如下式：

$$HA \rightleftharpoons A^- + H^+$$

式中 HA 为酸，A^- 为碱，两者为共轭关系。

HA 是 A^- 的共轭酸，A^- 是 HA 的共轭碱。酸给出质子后的产物具有接受质子的能力，即是碱；碱接受质子后的产物具有给出质子的能力，即是酸，两者结构上仅仅相差一个质子。酸、碱这种相互依存、相互转化的关系称为酸碱的共轭关系。具有共轭关系的酸碱构成一个共轭酸碱对，共轭酸碱对中的酸和碱互称为共轭酸和共轭碱。

例如，以下是一个共轭酸碱对：

$$HPO_3^{2-} \rightleftharpoons H^+ + PO_3^{3-}$$

式中左为酸，右为碱，构成共轭酸碱对。

式中，HPO_3^{2-} 和 PO_3^{3-} 构成一个共轭酸碱对，其中 HPO_3^{2-} 是 PO_3^{3-} 的共轭酸，PO_3^{3-} 是 HPO_3^{2-} 的共轭碱。

2. 酸反应和碱反应

酸给出质子的反应称为酸反应，碱接受质子的反应称为碱反应。

例如，酸反应的反应式为：

$$HCl \rightleftharpoons H^+ + Cl^-$$

碱反应的反应式为：

$$CO_3^{2-} + H^+ \rightleftharpoons HCO_3^-$$

3. 两性物质

既可以给出质子又可以接受质子的物质是两性物质，如 HAc、H_2O、HCO_3^-、$H_2PO_3^-$、HPO_3^{2-} 等。两性物质既可以发生酸反应，也可以发生碱反应。

例如，酸反应的反应式为：

$$HCO_3^- \rightleftharpoons H^+ + CO_3^{2-}$$

碱反应的反应式为：

$$HCO_3^- + H^+ \rightleftharpoons H_2CO_3$$

（二）酸、碱自身的固有强度

1. 酸自身的固有强度

不同的酸，给出质子的能力不同，酸反应的程度不同。酸反应平衡时，离解平衡常数也

不同。对于酸 HA,酸反应的反应式为:

$$HA \Longleftrightarrow H^+ + A^-$$

反应达到平衡时:

$$K_{a(固)}^{HA} = \frac{[H^+][A^-]}{[HA]} \tag{7-1}$$

酸自身的离解平衡常数越大,说明酸反应进行得越完全,酸给出质子的能力越强,即酸的强度越大,所以酸的强度可以用酸的离解平衡常数来衡量。

2. 碱自身的固有强度

不同的碱,接受质子的能力不同,碱反应的程度不同。碱反应平衡时,离解平衡常数也不同。对于碱 B,碱反应的反应式为:

$$B + H^+ \Longleftrightarrow BH^+$$

反应达到平衡时:

$$K_{b(固)}^{B} = \frac{[BH^+]}{[B][H^+]} \tag{7-2}$$

离解平衡常数越大,说明碱反应进行得越完全,碱接受质子的能力越强,即碱的强度越大,所以碱的强度可以用碱的离解平衡常数来衡量。

3. 共轭酸碱的强度关系

对于酸 HA,其共轭碱为 A^-。

酸反应的反应式为:

$$HA \Longleftrightarrow H^+ + A^-$$

反应达到平衡时:

$$K_{a(固)}^{HA} = \frac{[H^+][A^-]}{[HA]}$$

碱反应的反应式为:

$$A^- + H^+ \Longleftrightarrow HA$$

反应达到平衡时:

$$K_{b(固)}^{A^-} = \frac{[HA]}{[A^-][H^+]}$$

共轭酸碱的离解平衡常数的关系为:

$$K_{a(固)}^{HA} \times K_{b(固)}^{B} = 1 \tag{7-3}$$

对于共轭酸碱,酸的强度越大,其共轭碱的强度就越小;碱的强度越大,其共轭酸的强度就越小。

(三) 酸碱反应

1. 酸碱反应的本质

酸和碱发生反应时,酸给出质子生成其共轭碱,碱接受质子生成其共轭酸。

酸反应的反应式为:

$$HA \Longleftrightarrow H^+ + A^-$$

碱反应的反应式为:

$$B + H^+ \Longleftrightarrow BH^+$$

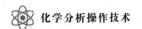

酸碱反应的反应式为:

$$HA + B \Longleftrightarrow A^- + BH^+$$

酸碱反应的实质是两个共轭酸碱对之间的质子传递。

2. 酸碱反应的方向

酸碱反应时,总是较强的酸将质子传递给较强的碱,生成较弱的共轭碱和较弱的共轭酸,反应式为:

$$\underset{强酸}{HA} + \underset{强碱}{B} \Longleftrightarrow \underset{弱碱}{A^-} + \underset{弱酸}{BH^+}$$

3. 酸碱反应的程度

酸碱反应达到平衡时:

$$K = \frac{[A^-][BH^+]}{[HA][B]} = K_{a(固)}^{HA} K_{b(固)}^{B} \tag{7-4}$$

由此可见,酸碱反应的程度取决于酸和碱的强度,酸和碱的强度越大,反应进行得越完全。

二、滴定弱酸、弱碱的基本原理

(一) 溶剂的质子自递反应

溶剂的质子自递反应是指在溶剂分子之间发生的质子转移反应,即一个溶剂分子作为酸给出质子,另一个溶剂分子作为碱接受质子。反应式为:

$$2SH \Longleftrightarrow SH_2^+ + S^-$$

质子自递反应达到平衡时:

$$K = \frac{[SH_2^+][S^-]}{[SH]^2} \tag{7-5}$$

一般情况下,溶剂的质子自递反应程度很小,将溶剂的浓度与反应平衡常数合并后仍为常数,称为质子自递平衡常数,用 K_s 来表示。其数学式为:

$$K_s = [SH_2^+][S^-] \tag{7-6}$$

水的质子自递常数又称为水的离子积,用 K_w 来表示。其数学式为:

$$K_w = [H_2O^+][OH^-] \tag{7-7}$$

常用溶剂的 pK_s 见表7-1 。

表 7-1 常用溶剂的 pK_s

溶剂名称	pK_s	溶剂名称	pK_s
水	14.00	冰醋酸	14.45
甲醇	16.7	醋酐	14.5
乙醇	19.1	乙二胺	15.3
甲酸	6.22	乙腈	28.5

（二）酸碱反应的实质

1. 酸、碱在溶液中的强度

（1）酸在溶液中的强度。

酸在溶液中的解离反应是酸和溶剂之间发生的酸碱反应，其反应式为：

$$HA + SH \Longrightarrow A^- + SH_2^+$$

$$\underbrace{}_{H^+}$$

反应达到平衡时：

$$K_{a(SH)}^{HA} = \frac{[A^-][SH_2^+]}{[HA][SH]} = K_{a(固)}^{HA} K_{b(固)}^{SH} \tag{7-8}$$

因此，酸在溶液中的强度取决于酸自身的强度和溶剂的碱性强度，其强度可以用酸在溶液中的离解平衡常数来定量衡量。对于弱酸，其自身给出质子的能力弱，可选择易接受质子的物质（碱性物质）作溶剂，以提高其酸性。

（2）碱在溶液中的强度。

碱在溶液中的解离反应是碱和溶剂之间发生的酸碱反应，其反应式为：

$$SH + B \Longrightarrow S^- + BH^+$$

$$\underbrace{}_{H^+}$$

反应达到平衡时：

$$K_{b(SH)}^{B} = \frac{[S^-][BH^+]}{[B][SH]} = K_{b(固)}^{B} K_{a(固)}^{SH} \tag{7-9}$$

因此，碱在溶液中的强度取决于碱自身的强度和溶剂的酸性强度，其强度可以用碱在溶液中的离解平衡常数来定量衡量。对于弱碱，其自身接受质子的能力弱，可选择易提供质子的物质（酸性物质）作溶剂，以提高其碱性。

（3）共轭酸碱在溶液中的强度关系。

对于共轭酸碱 HA 和 A^-，其在溶液中的离解平衡常数的关系为：

$$K_{a(HS)}^{HA} K_{b(SH)}^{A^-} = \frac{[A^-][SH_2^+]}{[HA][SH]} \times \frac{[HA][S^-]}{[A^-][SH]} = K_s \tag{7-10}$$

由此可知，在溶液中共轭酸碱的离解平衡常数的积等于溶剂的质子自递常数。对于共轭酸碱对，知道了酸在溶液中的离解平衡常数，依据两者的关系，即可得知其共轭碱在溶液中的离解平衡常数。常见酸、碱在水溶液中的离解平衡常数见表 7-2。

表 7-2　常见酸、碱在水溶液中的离解平衡常数

名称	化学式	分步	K_a	pK_a	名称	化学式	分步	K_a	pK_a
硼酸	H_3BO_3	1	5.4×10^{-10}	9.27	氨水	$NH_3 \cdot H_2O$	1	5.6×10^{-10}	9.25
碳酸	H_2CO_3	1	4.5×10^{-7}	6.35	乙二胺	$H_2NCH_2CH_2NH_2$	1	1.2×10^{-10}	9.92
		2	4.7×10^{-11}	10.33			2	1.4×10^{-7}	6.86
氢氟酸	HF	1	6.3×10^{-4}	3.20	正丁胺	$CH_3(CH_2)_3NH_2$	1	2.5×10^{-11}	10.6
氢氰酸	HCN	1	6.2×10^{-10}	9.21	乙胺	$C_2H_5NH_2$	1	2.5×10^{-11}	10.6
次氯酸	HClO		4.0×10^{-8}	7.40	乙醇胺	$HOCH_2CH_2NH_2$	1	3.2×10^{-10}	9.50

名称	化学式	分步	K_a	pK_a	名称	化学式	分步	K_a	pK_a
磷酸	H_3PO_4	1	6.9×10^{-3}	2.16	苯胺	$C_6H_5NH_2$	1	1.3×10^{-5}	4.87
		2	6.2×10^{-8}	7.21					
		3	4.8×10^{-13}	12.32					
铬酸	H_2CrO_4	1	0.18	0.74	尿素	NH_2CONH_2	1	0.79	0.10
		2	3.2×10^{-7}	6.49					
硫酸	H_2SO_4	2	1.0×10^{-2}	1.99	吡啶	C_5H_5N	1	5.9×10^{-6}	5.23
甲酸	HCOOH	1	1.8×10^{-4}	3.75	可待因	$C_{18}H_{21}NO_3$	1	6.2×10^{-9}	8.21
醋酸	CH_3COOH	1	1.7×10^{-5}	4.76	奎宁	$C_{20}H_{24}N_2O_2$	1	3.0×10^{-9}	8.52
							2	7.4×10^{-5}	4.13
苯甲酸	C_6H_5COOH	1	6.3×10^{-5}	4.20	烟碱	$C_{10}H_{14}N_2$	1	9.5×10^{-9}	8.02
							2	7.6×10^{-4}	3.12
草酸	$H_2C_2O_4$	1	5.6×10^{-2}	1.25	毛果芸香碱	$C_{11}H_{16}N_2O_2$	1	2.5×10^{-2}	1.60
		2	1.5×10^{-4}	3.81			2	1.3×10^{-7}	6.90
水杨酸	$C_6H_4OHCOOH$	1	1.0×10^{-3}	2.98	马钱子碱	$C_{23}H_{26}N_2O_4$	1	9.1×10^{-7}	6.04
		2	2.5×10^{-14}	13.6			2	7.9×10^{-10}	11.1
抗坏血酸	$C_6H_8O_6$	1	9.1×10^{-5}	4.04	番木鳖碱	$C_{21}H_{22}N_2O_2$	1	5.5×10^{-9}	8.26
		2	2.0×10^{-12}	11.7					

2. 酸、碱在溶液中的反应

滴定分析反应都是在溶液中进行的。

酸溶液中的反应式为：

$$HA + SH \rightleftharpoons A^- + SH_2^+$$

碱溶液中的反应式为：

$$B + SH \rightleftharpoons BH^+ + S^-$$

溶液中的酸碱反应为：

$$HA + B \rightleftharpoons A^- + BH^+$$

溶液中的酸碱反应实质为：

$$H_2S^+ + S^- \rightleftharpoons 2SH$$

由此可知,酸溶液和碱溶液反应时,实质上是酸溶液中的溶剂合质子和碱溶液中的溶剂阴离子的反应,溶剂在其中承担了传递质子的作用。

水溶液中酸碱反应的实质是 H^+ 与 OH^- 结合生成水的过程。例如,在水溶液中,HCl 和 NH_3 的反应情况为：

$$HCl + H_2O \rightleftharpoons H_3O^+ + Cl^-$$

$$NH_3 + H_2O \rightleftharpoons NH_4^+ + OH^-$$

反应总式为：

$$HCl + NH_3 \rightleftharpoons NH_4^+ + Cl^-$$

酸碱反应的实质为：

$$H_3O^+ + OH^- \Longrightarrow 2H_2O$$

又如，非水溶剂（如冰醋酸溶液）中，用 $HClO_4$ 滴定邻苯二甲酸氢钾，其反应式为：

$$HClO_4 + HAc \Longrightarrow H_2Ac^+ + ClO_4^-$$

総反応式为：

酸碱反应的实质为：

$$H_2Ac^+ + Ac^- \Longrightarrow 2HAc$$

（三）非水酸碱滴定法的基本原理

物质在溶液中酸碱性的强弱，不仅与酸碱物质的本身有关，也与溶剂的性质有关。同一种物质，通过改变溶剂，即可改变其酸碱性和强弱。

非水酸碱滴定法的分析原理就是利用合适的非水溶剂，提高弱酸或弱碱的酸性或碱性，增大有机物的溶解性，使滴定突跃明显，终点时指示剂变色敏锐，从而使有机弱酸或弱碱可以直接被滴定。

非水酸碱滴定法的计算依据与酸碱滴定法相同，也是根据滴定终点时被测组分和滴定液之间的物质的量关系，进行被测组分含量的计算。

非水酸碱滴定法滴定终点的确定，一般情况下采用酸碱指示剂法，当选择不到合适的指示剂时，采用电位滴定法。

讨论互动

1. 在水中不能直接滴定的弱酸或弱碱，为什么在非水溶剂中有可能被滴定？
2. 什么是酸？什么是碱？酸碱反应的实质是什么？

任务三 非水酸碱滴定法的溶剂

在非水滴定中，非水溶剂的选择，对非水滴定有重要意义。

一、非水溶剂的分类

根据溶剂分子能否发生质子自递反应，可将非水溶剂分为质子性溶剂和非质子性溶剂两大类。

（一）质子性溶剂

质子性溶剂是指能够接受质子或给出质子的溶剂。这类溶剂既可以表现为酸性，又可以表现为碱性，其最大特点是溶剂分子间有质子转移，能发生质子自递反应。质子性溶剂根据酸碱性的强弱，可分为酸性溶剂、碱性溶剂和两性溶剂。

1. 酸性溶剂

酸性溶剂是指给出质子能力较强的质子性溶剂。与水相比，该类溶剂具有显著的酸性，如甲酸、醋酸等。滴定弱碱时,常用酸性溶剂。

2. 碱性溶剂

碱性溶剂是指接受质子能力较强的质子性溶剂。与水相比,该类溶剂具有显著的碱性,如乙二胺、乙醇胺、丁胺等。滴定弱酸时,常用碱性溶剂。

3. 两性溶剂

既易给出质子又易接受质子的溶剂称为两性溶剂(中性溶剂)。该类溶剂具有与水相似的酸碱性,大多数醇(如甲醇、乙醇、异丙醇等)属于两性溶剂。滴定不太弱的酸或碱时,常用两性溶剂。

(二)非质子性溶剂

非质子性溶剂是指溶剂分子间没有质子转移,不能发生质子自递反应的溶剂。根据接受质子和形成氢键的能力不同,非质子性溶剂可分为非质子亲质子性溶剂和惰性溶剂。

1. 非质子亲质子性溶剂

非质子亲质子性溶剂是指不能给出质子但却具有较弱的接受质子和形成氢键的能力的溶剂,包括酰胺类、酮类、腈类、吡啶类等。例如,二甲基甲酰胺、吡啶、丙酮、乙腈等,其中二甲基甲酰胺、吡啶的碱性较明显,形成氢键的能力也较强。该类溶剂适用于滴定弱酸或某些混合酸的溶剂。

2. 惰性溶剂

惰性溶剂是指几乎没有接受质子和形成氢键能力的溶剂,如苯、四氯化碳、氯仿、正己烷等。这类溶剂只起到溶解、分散和稀释溶质的作用。该类溶剂质子转移直接发生在被测组分与滴定液之间。

(三)混合溶剂

为使样品易于溶解,增大滴定突跃,并使终点时指示剂变色敏锐,常将质子性溶剂与惰性溶剂混合使用。例如,冰醋酸-醋酐、冰醋酸-苯用于弱碱性物质的滴定,苯-甲醇用于羧酸类的滴定,二醇类-烃类用于溶解有机酸盐、生物碱和高分子化合物等。它们的优点是既能增大样品的溶解性,又能增强物质的酸碱性,加大滴定突跃范围,使终点敏锐。

二、非水溶剂的性质

(一)溶剂的酸碱性

由酸碱质子理论可知,酸、碱在溶液中的强度与酸、碱自身的强度和溶剂的酸、碱强度有关。酸(HA)、碱(B)在溶剂(HS)中的离解平衡常数分别为:

$$K_{a(HS)}^{HA} = K_{a(固)}^{HA} K_{b(固)}^{HS}$$

$$K_{b(HS)}^{B} = K_{b(固)}^{B} K_{a(固)}^{HS}$$

碱性溶剂可使弱酸的强度增强,酸性溶剂可使弱碱的强度增强。因此,在水溶液中不能完全反应的酸碱反应,选用酸碱性不同的非水溶剂则可以完全反应。

例如,实例7-1中的马来酸麦角新碱与实例7-2中的盐酸多巴胺,在水溶液中碱性很弱,无明显的滴定突跃,不能直接滴定,但在酸性溶剂冰醋酸中,则碱性显著提高,可用高氯酸滴定液直接滴定。实例7-3中的氯硝柳胺与实例7-4中的磺胺异噁唑,若用碱性溶剂二甲基甲酰胺,则酸性显著提高,可用甲醇钠滴定液直接滴定。

(二) 均化效应和区分效应

酸、碱在溶液的强度取决于酸、碱自身的强度和溶剂的酸、碱强度。如果溶剂的酸或碱性强度足够大,则不同强度的碱或酸在溶液中均能够完全离解,即表现出相同的碱性或酸性强度;如果溶剂的酸或碱性强度比较小,则不同强度的碱或酸在溶液中的离解程度也不同,即表现出不同的碱性或酸性强度。

溶剂使不同强度的酸、碱溶液表现出相同强度的作用称为均化效应或拉平效应,具有均化效应的溶剂称为均化溶剂或拉平溶剂。例如,$HClO_4$、H_2SO_4、HCl、HNO_3 4 种酸在 H_2O 中都能完全把质子转移给 H_2O,表现出相同的酸度,H_2O 的作用就是拉平效应,H_2O 就是这 4 种酸的拉平溶剂。

溶剂使强度相近的酸(碱)溶液表现出不同强度的作用称为区分效应,具有区分效应的溶剂称为区分溶剂。例如,$HClO_4$、H_2SO_4、HCl、HNO_3 4 种酸在 HAc 溶剂中,由于 HAc 本身具有弱酸性,其接受质子的能力比 H_2O 小,只能部分接受 4 种酸给出的质子。对方酸性强时,它接受的质子就多;对方酸性弱时,它接受的质子就少,故 4 种酸在 HAc 溶剂中的酸性大小为 $HClO_4 > H_2SO_4 > HCl > HNO_3$。HAc 的作用就是区分效应,HAc 就是 $HClO_4$、H_2SO_4、HCl、HNO_3 4 种酸的区分溶剂。

一般来说,酸性溶剂是酸的区分溶剂,是碱的均化溶剂;碱性溶剂是碱的区分溶剂,是酸的均化溶剂。在非水滴定中,常利用均化效应测定混合酸(碱)的总量,利用区分效应测定混合酸(碱)中各组分的含量。

(三) 溶剂的离解性

溶剂分为离解性溶剂和非离解性溶剂。能离解的溶剂称为离解性溶剂,如甲醇、乙醇、冰醋酸等;不能离解的溶剂称为非离解性溶剂,如苯、甲苯、氯仿等。

离解性溶剂的特点是溶剂分子间能发生质子自递反应,质子的自递反应常数 K_s 的大小对酸碱滴定突跃范围有一定的影响。现以水($K_w = 1.0 \times 10^{-14}$)和乙醇($K_s = 7.9 \times 10^{-20}$)为例进行比较。

在水溶液中,用 NaOH 滴定液(0.1 mol/L)来滴定等浓度的 HCl 溶液,当滴至化学计量点前 0.1% 时,溶液的 pH=4.3;继续滴至化学计量点后 0.1% 时,溶液的 pH=9.7,滴定突跃范围的 pH 为 4.3~9.7(详见项目六)。

在乙醇溶液中,用 C_2H_5ONa 滴定酸,当滴至化学计量点前 0.1% 时,溶液中的 $[C_2H_5OH_2^+] = 5.00 \times 10^{-5}$ mol/L,$pC_2H_5OH_2^+ = 4.3$;继续滴至化学计量点后 0.1% 时,溶液中的 $[C_2H_5O^-] = 5.00 \times 10^{-5}$ mol/L,即 $[C_2H_5OH_2^+] = K_s/(5.00 \times 10^{-5})$,因乙醇的 $K_s = 7.9 \times 10^{-20}$,则 $[C_2H_5OH_2^+] = 1.59 \times 10^{-15}$ mol/L,故 $pC_2H_5OH_2^+ = 14.8$,滴定突跃范围的 $pC_2H_5OH_2^+$ 为 4.3~14.8。

由计算可知,酸碱滴定时,溶剂的 K_s 值越小,滴定突跃范围越大,滴定的准确度越高。

(四) 溶剂的极性

溶剂的极性强弱用溶剂的介电常数 D 来衡量。极性强的溶剂,介电常数较大;反之,介电常数较小。溶剂的极性越强,离子对越易离解,溶液的酸碱强度越大。

例如,溶剂水和乙醇的碱性相近,但由于水的介电常数(78.5)比乙醇的介电常数(24.0)

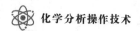

大,所以 HAc 在水中的酸度比在乙醇中大。

对于带电荷的酸、碱,由于离解过程中没有离子对形成,故其离解程度几乎不受溶剂介电常数的影响。

三、非水溶剂的选择

非水滴定中,溶剂的选择是滴定成败的重要因素之一。非水溶剂的选择应遵循以下原则:

(1)溶解性好。应能完全溶解样品和滴定产物。

(2)不发生副反应。除作为溶剂外,不参加其他反应。

(3)能增强被测物质的酸性或碱性。弱酸性物质可选择碱性溶剂,弱碱性物质可选择酸性溶剂。

(4)纯度要高。溶剂中不应含有水及其他酸性和碱性杂质。

(5)选择相对安全、价廉、低黏度、挥发性小、易于提纯的溶剂。

讨论互动

1. 非水滴定中,溶剂的性质对滴定突跃有什么影响?
2. 非水滴定中,如何选择溶剂?

任务四 非水酸碱滴定液

一、非水酸碱滴定液的种类

非水酸碱滴定中,常用的酸滴定液为高氯酸的冰醋酸溶液;常用的碱滴定液为甲醇钠的苯-甲醇溶液,此外还有乙醇制氢氧化钾滴定液、甲醇制氢氧化钾滴定液、甲醇锂滴定液、氢氧化四丁基铵滴定液、氢氧化四甲基铵滴定液。

二、高氯酸滴定液(0.1 mol/L)

(一)《中国药典》规定

【配制】取无水冰醋酸(按含水量计算,每 1 g 水加醋酐 5.22 mL)750 mL,加入高氯酸(70%～72%)8.5 mL,摇匀,在室温下缓缓滴加醋酐 23 mL,边加边摇,加完后再振摇均匀,放冷。加无水冰醋酸使成 1 000 mL,摇匀,放置 24 h。若所测供试品易乙酰化,则须用水分测定法(通则 0832)测定本液的含水量,再用水和醋酐调节至本液的含水量为 0.01%～0.2%。

【标定】取在 105 ℃至恒重的基准邻苯二甲酸氢钾约 0.16 g,精密称定,加无水冰醋酸 20 mL 使溶解,加结晶紫指示液 1 滴,用本液缓缓滴定至蓝色,并将滴定的结果用空白试验校正。每 1 mL 高氯酸滴定液(0.1 mol/L)相当于 20.42 mg 的邻苯二甲酸氢钾。根据本液的消耗量与邻苯二甲酸氢钾的取用量,算出本液的浓度,即得。

如需用高氯酸滴定液(0.05 mol/L 或 0.02 mol/L)时,可取高氯酸滴定液(0.1 mol/L)用无水冰醋酸稀释制成,并标定浓度。

【贮藏】置于棕色玻璃瓶中,密闭保存。

(二)《中国药典》规定解析

1. 高氯酸滴定液的配制原理

（1）配制。

在冰醋酸溶剂中，高氯酸的酸性最强，且其有机碱的高氯酸盐易溶解，所以采用 $HClO_4$ 的冰醋酸溶液作为酸滴定液。

市售高氯酸通常是 70%～72% 的高氯酸水溶液，所以只能用间接法配制。若配制 0.1 mol/L 的高氯酸滴定液 1 000 mL，则需市售高氯酸溶液（含量为 70%、密度为 1.75 g/mL）的体积为：

$$V_{HClO_4}=\frac{0.1\times1\,000\times100.46}{1\,000\times1.75\times0.70}=8.24(mL)\quad(M_{HClO_4}=100.46\ g/mol)$$

在实际配制中，为使高氯酸的浓度达到 0.1 mol/L，故常取市售高氯酸溶液 8.5 mL。

（2）高氯酸和冰醋酸中水分的去除方法。

由于市售高氯酸试剂和冰醋酸试剂均含有水分，而水作为杂质会在非水滴定中影响滴定突跃，使指示剂变色不敏锐，影响酸碱滴定的准确性，所以配制高氯酸滴定液时，应加入一定量的醋酐，以除去高氯酸溶液及冰醋酸溶剂中的水。

水与醋酐的反应式为：

$$(CH_3CO)_2O+H_2O=\!=\!=2CH_3COOH$$

从反应式可知，醋酐与水的反应是等物质的量的反应，即 $n_{醋酐}=n_{水}$，因此，可根据水的量计算出加入的醋酐的量。

如果去除冰醋酸中的水分，则

$$\frac{d_{冰醋酸}V_{冰醋酸}w_{水}}{M_{水}}=\frac{d_{醋酐}V_{醋酐}w_{醋酐}}{M_{醋酐}}\tag{7-11}$$

如果去除高氯酸中的水分，则

$$\frac{d_{高氯酸}V_{高氯酸}w_{水}}{M_{水}}=\frac{d_{醋酐}V_{醋酐}w_{醋酐}}{M_{醋酐}}\tag{7-12}$$

这两个式中：$d_{冰醋酸}$——冰醋酸的密度，g/mL；　　　　$V_{冰醋酸}$——冰醋酸的体积，mL；

$w_{水}$——含水量（冰醋酸或高氯酸）；　　$M_{水}$——水的摩尔质量，g/mol；

$d_{醋酐}$——醋酐的密度，g/mL；　　　　$V_{醋酐}$——醋酐的体积，mL；

$w_{醋酐}$——醋酐的含量；　　　　　　　$M_{醋酐}$——醋酐的摩尔质量，g/mol；

$d_{高氯酸}$——高氯酸的密度，g/mL；　　$V_{高氯酸}$——高氯酸的体积，mL。

实例 7-5 要除去 1 000 mL 密度为 1.05 g/mL、含水量为 0.2% 的冰醋酸中的水分，需要加入密度为 1.082 g/mL、含量为 97% 的醋酐多少毫升？（$M_{醋酐}=102.09\ g/mol$，$M_{H_2O}=18.02\ g/mol$）

解

$$\frac{d_{冰醋酸}V_{冰醋酸}w_{水}}{M_{水}}=\frac{d_{醋酐}V_{醋酐}w_{醋酐}}{M_{醋酐}}$$

$$\frac{1.05\times1\,000\times0.2\%}{18.02}=\frac{1.082\times V_{醋酐}\times97\%}{102.09}$$

$$V_{醋酐}=11.34(mL)$$

实例 7-6 配制高氯酸滴定液(0.1 mol/L)$1\ 000$ mL，需取用高氯酸(含量为 70%、密度为 1.75 g/mL)溶液 8.5 mL。为除去 8.5 mL 高氯酸溶液中的水分，需要加入密度为 1.082 g/mL、含量为 97% 的醋酐多少毫升？($M_{醋酐}=102.09$ g/mol，$M_{H_2O}=18.02$ g/mol)

解

$$\frac{d_{高氯酸}V_{高氯酸}w_{水}}{M_{水}}=\frac{d_{醋酐}V_{醋酐}w_{醋酐}}{M_{醋酐}}$$

$$\frac{1.75\times8.5\times(100-70)\%}{18.02}=\frac{1.082\times V_{醋酐}\times97\%}{102.09}$$

$$V_{醋酐}=24.09(\text{mL})$$

(3) 注意事项。

① 高氯酸与有机物接触，遇热时极易引起爆炸，所以不能将醋酐直接加到高氯酸中，应先用无水冰醋酸将高氯酸稀释后，在不断搅拌下慢慢滴加醋酐。

② 量取过高氯酸的小量筒不能接着量取醋酐。

③ 测定一般样品时，醋酐量稍多些没有什么影响，但若所测样品是芳伯胺或芳仲胺时，醋酐过量会导致乙酰化，影响测定结果，故不宜过量。

④ 高氯酸有腐蚀性，配制时要注意防护。

⑤ 如果高氯酸滴定液颜色变黄，说明高氯酸部分分解，不能使用。

2. 高氯酸滴定液的标定原理

(1) 标定依据。

标定高氯酸滴定液，常用邻苯二甲酸氢钾为基准物质，以结晶紫为指示剂，滴定至蓝色即为终点。标定反应为：

滴定至化学计量点时，$n_{KHP}:n_{HClO_4}=1:1$。

由于溶剂和指示剂要消耗一定量的滴定液，故需用空白试验进行校正。

(2) 标定方法。

用邻苯二甲酸氢钾标定高氯酸滴定液时，操作过程如下：

① 精密称取在 $105\ ℃$ 干燥至恒重的基准邻苯二甲酸氢钾约 0.16 g，放入锥形瓶中，加无水冰醋酸 20 mL 使溶解，加结晶紫指示液 1 滴，用高氯酸滴定液缓缓滴定至蓝色，记录终点时消耗的高氯酸滴定液的体积 V。

② 空白试验：锥形瓶中加等量溶剂和等量指示剂，不加基准邻苯二甲酸氢钾，用高氯酸滴定液缓缓滴定至蓝色，记录终点时消耗的高氯酸滴定液的体积 $V_{空白}$。每 1 mL 高氯酸滴定液(0.1 mol/L)相当于 20.42 mg 的邻苯二甲酸氢钾。根据滴定液的消耗量与邻苯二甲酸氢钾的取用量，算出滴定液的浓度，即得。

高氯酸滴定液浓度的计算公式如下：

$$c_{HClO_4}=\frac{m_{KHP}}{(V-V_{空白})\times M_{KHP}\times10^{-3}} \tag{7-13}$$

式中：V——消耗高氯酸滴定液的体积，mL；

$\quad\quad V_{空白}$——空白试验消耗高氯酸滴定液的体积，mL；

m_{KHP}——基准邻苯二甲酸氢钾的质量,g;

M_{KHP}——邻苯二甲酸氢钾的摩尔质量,g/mol。

此外,常用的指示液还有喹哪啶红(0.1 %甲醇溶液),其碱式色为红色,酸式色为无色。

(三) 高氯酸滴定液的浓度校正

由于冰醋酸的体积膨胀系数为 0.001 1,体积随温度变化较大,所以当实际滴定时的温度与标定高氯酸滴定液时的温度超过 10 ℃时,应重新标定;若未超过时,则可根据下式将高氯酸滴定液的浓度加以校正。

$$c_{滴定}=\frac{c_{标定}}{1+0.001\ 1(t_{滴定}-t_{标定})} \tag{7-14}$$

式中:　$c_{滴定}$——实际滴定时的浓度,mol/L;

$\quad\quad c_{标定}$——标定时的浓度,mol/L;

$\quad\quad t_{滴定}$——实际滴定时的温度,℃;

$\quad\quad t_{标定}$——标定时的温度,℃。

(四) 滴定终点的确定

以冰醋酸为溶剂,用高氯酸滴定液滴定弱碱时,最常用的指示液是结晶紫(0.5 %冰醋酸溶液),其酸式色为黄色,碱式色为紫色。在不同的酸度下,由碱式色到酸式色的颜色变化为紫色、蓝紫色、蓝色、蓝绿、绿色、黄绿色、黄色。滴定不同强度的碱时,终点颜色不同。滴定较强碱时,以蓝色或蓝绿色为终点;滴定极弱碱时,以蓝绿色或绿色为终点;具体颜色需以电位滴定法对照确定。

三、甲醇钠滴定液(0.1 mol/L)

(一)《中国药典》规定

【配制】取无水甲醇(含水量少于 0.2 %)150 mL,置于冰水冷却的容器中,分次少量加入新切的金属钠 2.5 g,完全溶解后加入适量的无水苯(含水量少于 0.02 %),使成 1 000 mL,摇匀,即得。

【标定】取在五氧化二磷干燥器中减压干燥至恒重的基准苯甲酸约 0.4 g,精密称定,加无水甲醇 15 mL 使溶解,加无水苯 5 mL 与 1%麝香草酚蓝无水甲醇溶液 1 滴,用本液滴定至蓝色,并将滴定的结果用空白试验校正。每 1 mL 甲醇钠滴定液(0.1 mol/L)相当于12.21 mg的苯甲酸。根据本液的消耗量与苯甲酸的取用量,算出本液的浓度,即得。

本液标定时,应注意防止二氧化碳的干扰和溶剂的挥发,每次临用前均应重新标定。

【贮藏】置于密闭的附有滴定装置的容器内,避免与空气中的二氧化碳及湿气接触。

(二)《中国药典》规定解析

1. 甲醇钠滴定液的配制原理

甲醇钠由金属钠与甲醇反应制得,其反应式为:

$$2CH_3OH+2Na \stackrel{}{=\!=\!=} 2CH_3ONa+H_2 \uparrow$$

2. 甲醇钠滴定液的标定原理

(1) 标定依据。

标定甲醇钠滴定液,常以苯甲酸为基准试剂,以麝香草酚蓝为指示剂,滴定至蓝色为终点。标定反应为：

$$CH_3ONa + \text{（}\text{）—COOH} \Longrightarrow CH_3OH + \text{（}\text{）—COONa}$$

滴定至化学计量点时，$n_{甲醇钠}：n_{苯甲酸}＝1：1$。

根据终点时消耗滴定液的体积和称取基准试剂苯甲酸的质量，即可计算出滴定液的准确浓度。测定结果用空白试验进行校正。

（2）标定方法。

用苯甲酸标定甲醇钠滴定液时，操作过程如下：

① 精密称取在五氧化二磷干燥器中减压干燥至恒重的基准苯甲酸约 0.4 g，放入锥形瓶中，加无水甲醇 15 mL 使溶解，加无水苯 5 mL 与 1% 的麝香草酚蓝无水甲醇溶液 1 滴，用本液滴定至蓝色，记录终点时消耗的甲醇钠滴定液的体积 V。

② 空白试验：锥形瓶中加等量溶剂和等量指示剂，不加基准苯甲酸，用甲醇钠滴定液缓缓滴定至蓝色，记录终点时消耗的甲醇钠滴定液的体积 $V_{空白}$。每 1 mL 甲醇钠滴定液（0.1 mol/L）相当于 12.21 mg 的苯甲酸。根据本液的消耗量与基准苯甲酸的取用量，算出本液的浓度，即得。

甲醇钠滴定液浓度的计算公式如下：

$$c_{CH_3ONa} = \frac{m_{苯甲酸}}{(V - V_{空白}) \times M_{苯甲酸} \times 10^{-3}} \tag{7-15}$$

式中： V——消耗甲醇钠滴定液的体积，mL；

$\qquad V_{空白}$——空白试验消耗甲醇钠滴定液的体积，mL；

$\qquad m_{苯甲酸}$——基准苯甲酸的质量，g；

$\qquad M_{苯甲酸}$——苯甲酸的摩尔质量，g/mol。

3. **注意事项**

（1）配制滴定液的溶剂（甲醇、苯）具有一定的毒性及挥发性，贮藏时要置于密闭的附有滴定装置的容器内，避免与空气中的二氧化碳及湿气接触。

（2）配制滴定液的溶剂（甲醇、苯）中所含的水分一定要去除。

（3）滴定应在密闭装置中进行，如选用全自动滴定仪（见图 7-1）或自动回零滴定装置（见图 7-2）。

图 7-1 全自动滴定仪

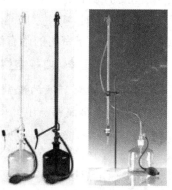

图 7-2 自动回零滴定装置

 讨论互动

1. 非水滴定弱碱时,为什么采用高氯酸的冰醋酸溶液作为滴定液?

2. 如何配制高氯酸滴定液?配制高氯酸滴定液时,应注意哪些问题?

3. 配制甲醇钠滴定液时,应注意哪些问题?

任务五　非水酸碱滴定法在药品检验中的应用

一、非水酸碱滴定法的应用范围

在药品检验中,非水酸碱滴定法主要用于原料药的含量测定。

弱碱如生物碱类中的咖啡因、氨基酸类中的甘氨酸、门冬氨酸,含氮杂环类如己酮可可碱、尼可刹米等,某些有机碱的无机酸盐如盐酸吗啡、盐酸多巴胺、硫酸阿托品、硫酸奎宁等,有机碱的有机酸盐如马来酸麦角新碱、马来酸氯苯那敏等,有机酸的碱金属盐如枸橼酸钠、枸橼酸钾等,均可用高氯酸滴定液进行滴定。

弱有机酸包括羧酸类、酚类、巴比妥类、磺胺类、烯醇类等具有酸性基团的化合物,可用甲醇钠、甲醇锂、氢氧化四丁基铵等滴定。

二、弱碱的测定

弱碱一般用冰醋酸作溶剂;碱性更弱的碱可适当在冰醋酸溶剂中加入适量的醋酐,随着醋酐量的增加,滴定突跃显著增大,可获得满意的结果。一般来说,当 K_b 在 $10^{-10} \sim 10^{-8}$ 时,宜选用冰醋酸作溶剂;在 K_b 在 $10^{-12} \sim 10^{-10}$ 时,宜选用冰醋酸和醋酐的混合溶剂作溶剂;在 $K_b \leqslant 10^{-12}$ 时,宜选用醋酐作溶剂。

(一) 有机弱碱

具有碱性基团的化合物,如生物碱类、氨基酸类、含氮杂环类化合物,只要选择好合适的溶剂、滴定液和指示终点的方法,便可用非水酸碱滴定法测定。

《中国药典》中,乙胺嘧啶、尼可刹米、二羟丙茶碱、门冬氨酸、氯诺昔康、咖啡因等原料均采用非水酸碱滴定法。

实例 7-7 尼可刹米的含量测定　取本品约 0.15 g,精密称定,加冰醋酸 10 mL 与结晶紫指示液 1 滴,用高氯酸滴定液(0.1 mol/L)滴定至溶液显蓝绿色,并将滴定的结果用空白试验校正。每 1 mL 高氯酸滴定液(0.1 mol/L)相当于 17.82 mg 的 $C_{10}H_{14}N_2O$。

(二) 有机碱的无机酸盐

由于一般的有机碱难溶于水,且不太稳定,故常将有机碱与酸作用成盐后再作药用,如盐酸麻黄碱、盐酸吗啡、硫阿阿托酸、磷酸可待因等,这类药物可采用非水滴定法。

供试品如为有机碱的氢卤酸盐(以 B·HX 表示),用高氯酸滴定时有氢卤酸生成,由于氢卤酸在冰醋酸中酸性强,故在滴定前需按理论量加入醋酸汞试液与氢卤酸形成不离解的卤化汞,以消除氢卤酸的干扰。其用量按醋酸汞与氢卤酸的物质的量比(1:2)计算,可稍过量,一般加 3~5 mL。反应式如下:

$$2B \cdot HX + Hg(Ac)_2 \Longrightarrow 2B \cdot HAc + HgX_2$$

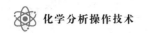

$$B \cdot HAc + HClO_4 \Longleftrightarrow B \cdot HClO_4 + HAc$$

实例 7-8 盐酸吗啡的含量测定 取本品约 0.2 g，精密称定，加冰醋酸 10 mL 与醋酸汞试液 4 mL，溶解后，加结晶紫指示液 1 滴，用高氯酸滴定液（0.1 mol/L）滴定至溶液显绿色，并将滴定的结果用空白试验校正。每 1 mL 高氯酸滴定液（0.1 mol/L）相当于 32.18 mg 的 $C_{17}H_{19}NO_3 \cdot HCl$。

供试品如为磷酸盐、硫酸盐，可以直接滴定，但硫酸盐由于硫酸的酸性较强，用高氯酸滴定液滴定时只能滴至硫酸氢盐（HSO_4^-）为止。供试品如为硝酸盐，因硝酸可使指示剂褪色，无法观察终点，应以电位滴定法指示终点。

（三）有机碱的有机酸盐

这类药物（以 $B \cdot HA$ 表示）主要有马来酸麦角新碱、马来酸氯苯那敏、重酒石酸去甲肾上腺素等，其在冰醋酸或冰醋酸-醋酐的混合溶剂中碱性较强，因此，可以用高氯酸的冰醋酸溶液直接滴定。反应式如下：

$$B \cdot HA + HClO_4 \Longleftrightarrow B \cdot HClO_4 + HA$$

实例 7-9 重酒石酸去甲肾上腺素的含量测定 取本品 0.2 g，精密称定，加冰醋酸 10 mL，振摇（必要时微温）溶解后，加结晶紫指示液 1 滴，用高氯酸滴定液（0.1 mol/L）滴定至溶液显蓝绿色，并将滴定的结果用空白试验校正。每 1 mL 高氯酸滴定液（0.1 mol/L）相当于 31.93 mg 的 $C_8H_{11}NO_3 \cdot C_4H_6O_6$。

（四）有机酸的碱金属盐

由于有机酸的酸性较弱，其共轭碱在冰醋酸中显示较强的碱性，所以可以用高氯酸的冰醋酸溶液进行滴定。这类化合物主要有羟丁酸钠、枸橼酸钾（钠）等。

实例 7-10 枸橼酸钠的含量测定 取本品约 80 mg，精密称定，加冰醋酸 5 mL，加热溶解后，放冷，加醋酐 10 mL 与结晶紫指示液 1 滴，用高氯酸滴定液（0.1 mol/L）滴定至溶液显蓝绿色，并将滴定的结果用空白试验校正。每 1 mL 高氯酸滴定液（0.1 mol/L）相当于 8.602 mg 的 $C_6H_5Na_3O_7$。

三、弱酸的测定

具有酸性基团的化合物，如羧酸类、酚类、磺酰胺类、巴比妥类和氨基酸类及某些铵盐等，可以利用碱性溶剂增强酸性后，再用甲醇钠滴定液或其他碱滴定液进行滴定。

（一）羧酸类

对于酸性不太弱的羧酸，常用醇类作溶剂，如甲醇、乙醇等；滴定弱酸和极弱酸时，宜选用碱性溶剂，如乙二胺、二甲基甲酰胺等；混合酸的滴定宜选用区分溶剂，如甲基异丁酮等，有时也用苯-甲醇、甲醇-丙酮等混合溶剂。

（二）酚类

酚类具有一定的酸性，对于一些酸性不太弱的酚类，可用醇类作溶剂；对于酸性较弱的酚类，一般用乙二胺、二甲基甲酰胺作溶剂，可获得明显的滴定突跃。

若酚的邻位或对位有—NO_2、—CHO、—Cl、—Br 等取代基，则酚的酸性增强，这时可在二甲基甲酰胺中以偶氮紫作指示剂，用甲醇钠滴定。

（三）磺酰胺类及其他

磺酰胺类、巴比妥类、氨基酸类化合物及某些铵盐等,可用甲醇钠或其他碱性滴定液滴定。

实例 7-11 乙琥胺的含量测定 取本品约 0.2 g,精密称定,加二甲基甲酰胺 30 mL 使溶解,加偶氮紫指示液 2 滴,在氮气流中用甲醇钠滴定液(0.1 mol/L)滴定至溶液显蓝色,并将滴定的结果用空白试验校正。每 1 mL 甲醇钠滴定液(0.1 mol/L)相当于 14.12 mg 的 $C_7H_{11}NO_2$。

讨论互动

1. 如何根据弱碱性物质的 K_b 选择溶剂?

2. 实例 7-1 和实例 7-2 都是用高氯酸滴定液滴定,为什么实例 7-2 中加入醋酸汞试液?

任务六 非水酸碱滴定法实训

实训九 盐酸麻黄碱的含量测定

一、实训任务

根据《中国药典》规定,用非水滴定法测定盐酸麻黄碱的含量。

二、实训要求

1. 会选择非水滴定法的溶剂和指示剂。

2. 知道非水滴定法的测定原理、滴定条件、测定过程。

3. 会选择仪器,正确、规范地使用仪器。

4. 会正确记录实验数据并计算测定结果。

三、《中国药典》规定

取本品约 0.15 g,精密称定,加冰醋酸 10 mL,加热溶解后,加醋酸汞试液 4 mL 与结晶紫指示液 1 滴,用高氯酸滴定液(0.1 mol/L)滴定至溶液呈翠绿色,并将滴定结果用空白试验校正。每 1 mL 高氯酸滴定液(0.1 mol/L)相当于 20.17 mg 的 $C_{10}H_{15}NO \cdot HCl$。

计算公式为:

$$C_{10}H_{15}NO \cdot HCl \text{ 的含量} = \frac{c_{HClO_4}(V_{HClO_4} - V_{空白}) \times M_{C_{10}H_{15}NO \cdot HCl} \times 10^{-3}}{m_{C_{10}H_{15}NO \cdot HCl}}$$

或

$$C_{10}H_{15}NO \cdot HCl \text{ 的含量} = \frac{T(V_{HClO_4} - V_{空白}) \times F}{m_{C_{10}H_{15}NO \cdot HCl}}$$

四、实训用品

根据实训原理及操作要求,准备实训用品并将其填入表 7-3 中。

表 7-3 盐酸麻黄碱的含量测定所需用品

序号	实训仪器或试剂	规格型号	数量
1			
2			
...			

五、实训方案设计

根据实训原理及操作要求,设计实训方案。

六、实训结果

将实训相关数据填入表7-4中。

表7-4 滴定记录及计算

供试品名称		滴定液名称			指示剂名称	
供试品称样量/g		m_1		m_2		m_3
终点时消耗滴定液的体积/mL	第一份		第二份		第三份	
空白消耗滴定液的体积/mL						
盐酸麻黄碱的含量	第一份		第二份		第三份	
盐酸麻黄碱的平均含量						
相对平均偏差						
结论						

目标检测

一、选一选

1. 下列物质中,属于酸的是(　　)。

　　A. NH_4^+ 　　　　　　B. NH_3 　　　　　　C. CO_3^{2-} 　　　　　　D. Ac^-

2. 下列物质中,HCO_3^- 的共轭碱是(　　)。

　　A. NH_4^+ 　　　　　　B. NH_3 　　　　　　C. CO_3^{2-} 　　　　　　D. H_2CO_3

3. 下列物质中,碱性最强的是(　　)。

　　A. NaCN(HCN 的 $K_a = 6.2 \times 10^{-10}$)

　　B. HCO_3^-(H_2CO_3 的 $K_{a_1} = 4.5 \times 10^{-7}$, $K_{a_2} = 4.8 \times 10^{-13}$)

　　C. $H_2PO_4^-$(H_3PO_4 的 $K_{a_1} = 6.9 \times 10^{-3}$, $K_{a_2} = 6.2 \times 10^{-8}$, $K_{a_3} = 4.7 \times 10^{-11}$)

　　D. $NH_3 \cdot H_2O$(NH_4^+ 的 $K_a = 1.1 \times 10^{-6}$)

4. 下列非水溶剂中,不属于质子性溶剂的是(　　)。

　　A. 冰醋酸 　　　　B. 甲醇 　　　　　　C. 苯 　　　　　　D. 乙二胺

5. 对酸(碱)溶液强度不产生影响的因素是(　　)。

　　A. 酸(碱)自身的性质 　　　　　　　　B. 溶剂的酸碱性

　　C. 溶剂的极性 　　　　　　　　　　　　D. 惰性溶剂

6. 能够对不同强度的酸产生均化效应的非水溶剂是(　　)。

　　A. 硫酸 　　　　　　B. 冰醋酸 　　　　　C. 苯 　　　　　　D. 乙二胺

7. 配制高氯酸滴定液时,除去市售冰醋酸和高氯酸中水分的方法是(　　)。

　　A. 加干燥剂 　　　　B. 加醋酐 　　　　　C. 蒸馏 　　　　　D. 萃取

8. 用高氯酸测定有机碱的氢氯酸盐时,为消除氢氯酸的干扰,通常在滴定前加入(　　)。

　　A. NaOH 　　　　　　B. $Hg(Ac)_2$ 　　　　　C. HCl 　　　　　　D. H_2SO_4

9. 标定高氯酸滴定液的基准试剂为(　　)。

A. 邻苯二甲酸氢钾   B. 无水碳酸钠

    C. 苯甲酸   D. 硼砂

10. 用非水酸碱滴定法测定乳酸钠时,应选用的溶剂为(　　　)。

    A. 乙二胺   B. 乙醇   C. 水   D. 冰醋酸

二、填一填

1. 根据酸碱质子理论,凡是能_____质子的物质称为酸,能_____质子的物质称为碱。

2. 非水碱量法测定弱碱性物质时,常用的溶剂为_____,滴定液为_____,指示剂为_____。

3. 非水滴定中,因不能引入水分,所以滴定前常加入_____,除去高氯酸中水分的干扰。

4. 在测定氢卤酸的有机碱时,需要在滴定前加入_____试剂,以消除氢卤酸对滴定的干扰。

5. 非水滴定中,非水溶剂的作用不仅能_____,还能提高_____。

三、判一判

1. 溶液酸碱性的强弱仅与物质本身有关。　　　　　　　　　　　　　　　(　　　)

2. 去除浓高氯酸中的水分,可将醋酐直接加入浓高氯酸中。　　　　　　　(　　　)

3. 冰醋酸可增强 $HClO_4$ 的酸性。　　　　　　　　　　　　　　　　　(　　　)

四、想一想

1. 怎样配制高氯酸的冰醋酸溶液?配制时,应注意什么问题?

2. 何为拉平效应?何为区分效应?

3. 从酸碱质子理论角度,解释为什么非水溶剂能提高物质的酸碱性。

五、算一算

1. 高氯酸冰醋酸溶液在 24 ℃时标定的浓度为 0.108 6 mol/L,请计算此溶液在 32 ℃的浓度。

2. 欲除去 7.5 mL 密度为 1.75 g/mL、含量为 72% 的 $HClO_4$ 中的水分,需加入密度为 1.082 g/mL、含量为 96% 的醋酐多少毫升?(已知 $M_{H_2O}=18.02$ g/mol,$M_{醋酐}=102.09$ g/mol)

3. 精密称取盐酸麻黄碱 0.145 5 g,加冰醋酸 10 mL,加热溶解后,加醋酸汞试液 4 mL 与结晶紫指示液 1 滴,用高氯酸滴定液(0.101 2 mol/L)滴定至溶液呈翠绿色,消耗高氯酸滴定液 6.82 mL。将滴定结果用空白试验校正,消耗高氯酸滴定液 0.10 mL。请计算盐酸麻黄碱的含量。每 1 mL 高氯酸滴定液(0.1 mol/L)相当于 20.17 mg 的 $C_{10}H_{15}NO·HCl$。(已知 $M_{C_{10}H_{15}NO·HCl}=201.70$ g/mol)

项目八　沉淀滴定法

学习目标

【知识目标】

1. 掌握沉淀滴定法对沉淀反应的基本要求,铬酸钾指示剂法、铁铵矾指示剂法和吸附指示剂法的概念、分析依据、终点确定和滴定条件。

2. 熟悉银量法的概念和分类、银量法滴定液的种类和配制方法。

3. 了解银量法在药品检验中的应用。

【技能目标】

1. 会配制和标定硝酸银滴定液和硫氰酸铵滴定液。

2. 会控制铬酸钾指示剂法、铁铵矾指示剂法和吸附指示剂法的滴定条件并按照操作规程进行分析检验。

3. 会正确记录实验数据并计算结果。

任务一　了解沉淀滴定法

问题探究

1. 你能说出几个沉淀反应?

2. 是否所有的沉淀反应都能用于滴定分析?

一、沉淀滴定法的概念

以沉淀反应为基础的滴定分析方法称为沉淀滴定法。作为滴定分析法,沉淀滴定反应必须满足滴定分析法对滴定反应的要求:

(1) 生成沉淀的溶解度必须很小($S \leqslant 10^{-6}$ g/mL),以保证被测组分反应完全。

(2) 沉淀反应必须迅速、定量地进行,且被测组分和滴定液之间具有确定的化学计量关系。

(3) 沉淀的吸附作用不影响滴定结果及终点判断。

(4) 有适当的方法指示滴定终点。

能够满足滴定分析要求的沉淀反应有生成难溶性银盐的反应、$NaB(C_6H_5)_4$ 与 K^+ 的反

应、$K_4[Fe(CN)_6]$ 与 Zn^{2+} 的反应、$Ba^{2+}(Pb^{2+})$ 与 SO_4^{2-} 的反应、Hg^{2+} 与 S^{2-} 的反应。

二、银量法的概念

沉淀滴定法中,应用最多的滴定反应是生成难溶银盐的反应。例如:

$$Ag^+ + X^- \rightleftharpoons AgX \downarrow \quad (X=Cl^-、Br^-、I^-、SCN^- 等)$$

这种以生成难溶银盐的反应来进行滴定分析的方法称为银量法。银量法以硝酸银和硫氰酸铵为滴定液,可用于测定含有 Cl^-、Br^-、I^-、SCN^- 及 Ag^+ 等离子的无机化合物,也可以测定经过处理能定量转化为这些离子的有机物。

三、银量法的分类

根据确定滴定终点所用的指示剂不同,银量法可分为铬酸钾指示剂法(Mohr 法)、铁铵矾指示剂法(Volhard 法)和吸附指示剂法(Fajans 法),见表 8-1。

表 8-1　银量法的分类

方法名称	铬酸钾指示剂法	铁铵矾指示剂法		吸附指示剂法
		直接滴定法	剩余滴定法	
滴定液	$AgNO_3$	NH_4SCN	$AgNO_3$ 和 NH_4SCN	$AgNO_3$
滴定反应	$Ag^+ + X^- \rightleftharpoons AgX \downarrow$	$SCN^- + Ag^+ \rightleftharpoons$ $AgSCN \downarrow$	$Ag^+(总) + X^- \rightleftharpoons$ $AgX \downarrow$ $Ag^+(剩余) + SCN^- \rightleftharpoons$ $AgSCN \downarrow$	$Ag^+ + X^- \rightleftharpoons AgX \downarrow$
指示剂	K_2CrO_4	$FeNH_4(SO_4)_2$	$FeNH_4(SO_4)_2$	吸附指示剂
指示剂作用原理	$2Ag^+ + CrO_4^{2-} \rightleftharpoons$ $Ag_2CrO_4 \downarrow$	$Fe^{3+} + SCN^- \rightleftharpoons$ $[Fe(SCN)]^{2+}$	$Fe^{3+} + SCN^- \rightleftharpoons$ $[Fe(SCN)]^{2+}$	物理吸附导致指示剂结构变化,引起颜色变化
pH 条件	$pH=6.5\sim10.5$	0.3 mol/L 的 HNO_3	0.3 mol/L 的 HNO_3	与指示剂 pK_a 有关,使其以离子形态存在
测定对象	Cl^-、Br^-	Ag^+	Cl^-、Br^-、I^-、SCN^- 等	Cl^-、Br^-、I^-、SCN^- 等

任务二　铬酸钾指示剂法

铬酸钾指示剂法(Mohr 法)是以铬酸钾(K_2CrO_4)为指示剂,在中性或弱碱性溶液中,以硝酸银($AgNO_3$)为滴定液,通过直接滴定测定氯化物或溴化物含量的银量法。

一、铬酸钾指示剂法的测定原理

(一) 滴定反应

铬酸钾指示剂法的滴定反应为:

$$Ag^+ + Cl^- \rightleftharpoons AgCl \downarrow$$
$$Ag^+ + Br^- \rightleftharpoons AgBr \downarrow$$

滴定至化学计量点时,化学计量关系为 1:1。根据滴定液的浓度和终点时消耗的体积,即可计算出氯化物或溴化物的含量。计算公式(以氯化物为例)为:

$$\text{Cl}^- \text{的含量}(\%) = \frac{m_{\text{Cl}^-}}{m_s} \times 100\% = \frac{c_{\text{AgNO}_3} V_{\text{AgNO}_3} M_{\text{Cl}^-}}{m_s} \times 100\% \tag{8-1}$$

$$\text{Cl}^- \text{的含量}(\%) = \frac{m_{\text{Cl}^-}}{V_s} \times 100\% = \frac{c_{\text{AgNO}_3} V_{\text{AgNO}_3} M_{\text{Cl}^-}}{V_s} \times 100\% \tag{8-2}$$

(二)滴定终点的确定

以测定氯化钠的含量为例进行讨论。

滴定前:在 NaCl 溶液中加入 K_2CrO_4 指示剂,NaCl 和 K_2CrO_4 分别电离,溶液呈现 CrO_4^{2-} 的颜色,为黄色的透明溶液。反应式为:

$$\text{NaCl} \Longrightarrow \text{Na}^+ + \text{Cl}^-$$
$$\text{K}_2\text{CrO}_4 \Longrightarrow 2\text{K}^+ + \text{CrO}_4^{2-}(\text{黄色})$$

终点前:由于 AgCl 沉淀的溶解度小于 Ag_2CrO_4 沉淀的溶解度,故加入的 $AgNO_3$ 滴定液与 Cl^- 反应生成白色的 AgCl 沉淀,而不与 CrO_4^{2-} 反应,溶液为黄色的浑浊液。反应式为:

$$\text{Ag}^+ + \text{Cl}^- \Longrightarrow \text{AgCl} \downarrow (\text{白色})$$

终点时:溶液中的 Cl^- 与加入的 $AgNO_3$ 滴定液完全反应,此时,$AgNO_3$ 滴定液与溶液中的 CrO_4^{2-} 反应,溶液中有砖红色的 Ag_2CrO_4 沉淀生成,溶液转变为橙色的浑浊液,指示计量点到达。反应式为:

$$\text{CrO}_4^{2-} + 2\text{Ag}^+ \Longrightarrow \text{Ag}_2\text{CrO}_4 \downarrow (\text{砖红色})$$

知识链接

分步沉淀

当一种试剂能沉淀溶液中的多种离子时,在一定条件下使一种离子先沉淀,而其他离子后沉淀的现象叫分步沉淀。对于同种类型的沉淀,其 K_{sp}(溶度积)越小越先沉淀;K_{sp} 差别越大,分离效果越好。对于不同类型的沉淀,生成沉淀所需试剂离子浓度越小的越先沉淀;沉淀各种离子所需试剂离子浓度差距越大,分步沉淀效果越好。分步沉淀的次序除了与沉淀的 K_{sp} 大小有关外,还与被沉淀离子在溶液中的浓度有关,被沉淀离子的浓度越大,越易形成沉淀。

二、铬酸钾指示剂法的滴定条件及适用范围

为保证分析结果的准确、可靠,铬酸钾指示剂法应在相应的条件下进行测定。

(一)指示剂的用量

从理论上讲,若要刚好在化学计量点时生成 Ag_2CrO_4 沉淀,根据溶度积规则,溶液中 $[\text{Ag}^+]^2$ 与 $[\text{CrO}_4^{2-}]$ 的乘积应大于或等于 Ag_2CrO_4 沉淀的溶度积常数 $K_{sp(\text{Ag}_2\text{CrO}_4)}$,即

$$[\text{Ag}^+]^2[\text{CrO}_4^{2-}] \geqslant K_{sp(\text{Ag}_2\text{CrO}_4)} = 1.2 \times 10^{-12}$$

滴定至化学计量点时,溶液中的 AgCl 处于沉淀平衡状态,即

$$[\text{Ag}^+][\text{Cl}^-] = [\text{Ag}^+]^2 = K_{sp(\text{AgCl})} = 1.8 \times 10^{-10}$$

因此,此时溶液中指示剂的浓度,即 $[\text{CrO}_4^{2-}]$ 应为:

$$[CrO_4^{2-}]=\frac{K_{sp(Ag_2CrO_4)}}{[Ag^+]^2}=\frac{1.2\times10^{-12}}{1.8\times10^{-10}}=7.1\times10^{-3}(mol/L)$$

滴定时,若$[CrO_4^{2-}]$过高,不仅会导致滴定终点提前,测定结果偏低,本身的黄色还会影响终点观察;若$[CrO_4^{2-}]$过低,会引起滴定终点推迟,导致测定结果偏高。实际测定时,通常在$50\sim100$ mL溶液中加入5%的K_2CrO_4指示剂$1\sim2$ mL。

（二）溶液的酸度

铬酸钾指示剂法应在中性或弱碱性溶液$(pH=6.5\sim10.5)$中进行。若溶液的酸度过高,CrO_4^{2-}与H^+结合,使$[CrO_4^{2-}]$降低,引起滴定终点推迟甚至不能生成Ag_2CrO_4来指示终点,导致测定结果偏高,可用稀HNO_3溶液调节。

若酸度过低,OH^-与$AgNO_3$滴定液反应,导致测定结果偏高,可用$NaHCO_3$溶液调节。

若溶液中有铵盐,应控制溶液的pH为$6.5\sim7.2$。

（三）方法适用范围

为减少和避免沉淀对被测离子的吸附,造成滴定终点提前,滴定过程中应用力振摇。

本法主要用于Cl^-和Br^-的测定,不适用于I^-和SCN^-的测定,因为AgI和AgSCN沉淀有较强的吸附作用,即使剧烈振摇也无法使被吸附的I^-和SCN^-释放出来。

（四）干扰的消除

能与CrO_4^{2-}生成沉淀的阳离子(如Ba^{2+}、Pb^{2+}、Bi^{3+}等)、能与Ag^+生成沉淀的阴离子(如S^{2-}、PO_4^{3-}、CO_3^{2-}、$C_2O_4^{2-}$等)、易水解的离子(如Fe^{3+}、Al^{3+}等)等均为干扰离子,应在滴定前预先分离。

三、应用实例

实例8-1　十二烷基硫酸钠中氯化钠的检查　取本品约5 g,精密称定,加水50 mL使溶解,加稀硝酸中和(调节pH至$6.5\sim10.5$),加铬酸钾指示液2 mL,用硝酸银滴定液$(0.1$ mol/L$)$滴定。每1 mL硝酸银滴定液$(0.1$ mol/L$)$相当于5.844 mg的NaCl。

讨论互动

1. 实例8-1中,使用的指示剂是什么? 滴定液是什么?

2. 为什么调节pH至$6.5\sim10.5$?

3. 为保证分析结果的准确度,滴定操作还应注意什么?

任务三　铁铵矾指示剂法

铁铵矾指示剂法(Volhard法)是指在酸性溶液中,以铁铵矾$[NH_4Fe(SO_4)_2\cdot12H_2O]$为指示剂的银量法。本法分为直接滴定法和剩余滴定法。

一、铁铵矾指示剂直接滴定法

铁铵矾指示剂直接滴定法是在酸性介质中,以铁铵矾$[NH_4Fe(SO_4)_2\cdot12H_2O]$为指示剂,以硫氰酸铵$(NH_4SCN)$为滴定液,通过直接滴定测定$Ag^+$含量的银量法。

（一）铁铵矾指示剂直接滴定法的测定原理

1. 滴定反应

铁铵矾指示剂直接滴定法的滴定反应式为：

$$Ag^+（被测组分）+SCN^-（滴定液）\Longrightarrow AgSCN\downarrow$$

滴至化学计量点时，化学计量关系为 1：1。根据滴定液的浓度和终点时消耗的体积，即可计算出 Ag^+ 的含量。计算公式为：

$$Ag^+ 的含量（\%）=\frac{m_{Ag^+}}{m_s}\times100\%=\frac{c_{SCN^-}·V_{SCN^-}·M_{Ag^+}}{m_s}\times100\% \tag{8-3}$$

2. 滴定终点的确定

滴定前：在酸性溶液中，铁铵矾电离出 Ag^+ 和 Fe^{3+}，此时溶液为无色的透明溶液。反应式为：

$$NH_4Fe(SO_4)_2·12H_2O\Longrightarrow NH_4^++Fe^{3+}+2SO_4^{2-}+12H_2O$$

滴定开始至化学计量点前：加入的 NH_4SCN，与 Ag^+ 反应生成白色的 $AgSCN$ 沉淀，此时溶液为白色的浑浊液。反应式为：

$$Ag^++SCN^-\Longrightarrow AgSCN\downarrow$$

滴定至化学计量点时：溶液中的 Ag^+ 与加入的 NH_4SCN 滴定液完全反应，此时，稍过量的 NH_4SCN 滴定液与溶液中的 Fe^{3+} 反应，生成红色的 $[Fe(SCN)]^{2+}$，溶液转变为浅红色的浑浊液，指示计量点的到达。反应式为：

$$Fe^{3+}+SCN^-\Longrightarrow[Fe(SCN)]^{2+}（浅红色）$$

（二）铁铵矾指示剂直接滴定法的滴定条件及适用范围

1. 溶液的酸度

滴定应在 0.1~1 mol/L 的 HNO_3 溶液中进行，这样既可避免在中性溶液中干扰离子（如 PO_4^{3-}、CO_3^{2-} 等）的影响，提高方法的选择性，又可防止 Fe^{3+} 水解。

2. 指示剂的用量

为了能在滴定终点时观察到明显的红色，$[Fe^{3+}]$ 应控制在 0.015 mol/L。

3. 滴定时应剧烈振摇

滴定反应生成的 $AgSCN$ 沉淀具有强烈的吸附作用，滴定过程中要充分振摇，使被沉淀吸附的 Ag^+ 解吸附，防止滴定终点提前。

4. 干扰的消除

强氧化剂、氮的氧化物、铜盐、汞盐均可与 SCN^- 作用而干扰测定，必须事先除去。

5. 适用范围

可用于测定可溶性银盐。

二、铁铵矾指示剂剩余滴定法

铁铵矾指示剂剩余滴定法是在酸性溶液中，加入定量且过量的 $AgNO_3$ 滴定液，再以铁铵矾 $[NH_4Fe(SO_4)_2·12H_2O]$ 为指示剂，用 NH_4SCN 滴定液滴定剩余的 $AgNO_3$，从而测定卤化物含量的银量法。

（一）铁铵矾指示剂剩余滴定法的测定原理

1. 滴定反应

铁铵矾指示剂剩余滴定法的滴定反应式为：

$$Ag^+（定量且过量的滴定液）+X^-（被测组分）\Longrightarrow AgX\downarrow$$

$$Ag^+（剩余的滴定液）+SCN^-（返滴定液）\Longrightarrow AgSCN\downarrow$$

在上述反应式中，$X^- = Cl^-$、Br^-、I^-、SCN^-、CN^- 等。

滴定至化学计量点时，化学计量关系为：$n_{Ag^+}:n_{X^-}=1:1$、$n_{Ag^+（过量）}:n_{SCN^-}=1:1$。

结果计算解析：

（1）剩余的 $AgNO_3$ 滴定液的物质的量：由滴定终点时消耗的 NH_4SCN 滴定液的体积和浓度，可计算过量的 $AgNO_3$ 滴定液的物质的量。

$$n_{AgNO_3（过量）}=n_{SCN^-}=c_{SCN^-}V_{SCN^-}$$

（2）与被测组分卤化物反应的 $AgNO_3$ 滴定液的物质的量：等于加入的 $AgNO_3$ 滴定液的总量减去过量的 $AgNO_3$ 滴定液的物质的量。

$$n_{AgNO_3}=n_{AgNO_3（总量）}-n_{AgNO_3（过量）}=c_{AgNO_3}V_{AgNO_3}-c_{SCN^-}V_{SCN^-}$$

（3）被测组分卤化物的含量：根据与被测组分卤化物反应的 $AgNO_3$ 滴定液的物质的量，即可计算 X^- 的含量。计算公式为：

$$X^-的含量(\%)=\frac{m_{X^-}}{m_s}\times100\%=\frac{(c_{AgNO_3}V_{AgNO_3}-c_{SCN^-}V_{SCN^-})\times M_{X^-}}{m_s}\times100\% \quad (8\text{-}4)$$

2. 滴定终点的确定

滴定前：在酸性溶液中，卤素化合物在溶液中电离出卤离子 X^-，此时溶液为无色的透明溶液。

反应阶段：加入定量且过量的 $AgNO_3$ 滴定液，Ag^+ 与 X^- 反应生成白色的 AgX 沉淀，X^- 完全反应，此时溶液为白色的浑浊液。

$$Ag^+ + X^- \Longrightarrow AgX\downarrow（白色）$$

剩余滴定：加入铁铵矾指示剂，用 NH_4SCN 滴定液滴定剩余的 $AgNO_3$ 滴定液，滴定至化学计量点时，NH_4SCN 滴定液与溶液中的 Fe^{3+} 反应，生成红色的 $[Fe(SCN)]^{2+}$，溶液变为浅红色的浑浊液，指示计量点的到达。

$$Ag^+（剩余）+SCN^- \Longrightarrow AgSCN\downarrow（白色）$$

$$Fe^{3+}+SCN^- \Longrightarrow [Fe(SCN)]^{2+}（红色）$$

（二）铁铵矾指示剂剩余滴定法的滴定条件及适用范围

1. 溶液的酸度

滴定应在 $0.1\sim1$ mol/L 的 HNO_3 溶液中进行，这样既可避免在中性溶液中干扰离子（如 PO_4^{3-}、CO_3^{2-} 等）的影响，提高方法的选择性，又可防止 Fe^{3+} 水解。

2. 指示剂的用量

为了能在滴定终点时观察到明显的红色，$[Fe^{3+}]$ 应控制在 0.015 mol/L。

3. 滴定操作注意事项

测定氯化物时，由于 $AgCl$ 沉淀的溶解度比 $AgSCN$ 沉淀的溶解度大，若返滴定时用力振摇，可造成 $AgCl$ 沉淀在返滴定过程中转换为 $AgSCN$ 沉淀，造成滴定终点推迟，产生较大的负误差。为防止上述现象的发生，须先将已生成的 $AgCl$ 沉淀滤去，或者剩余滴定前向溶液中加入 1～3 mL 硝基苯或异戊醇,并强烈振摇,使其包裹在沉淀颗粒的表面上,再用硫氰酸铵滴定剩余的硝酸银。测定溴化物或碘化物时,由于 AgBr 和 AgI 沉淀的溶解度都比 AgSCN 沉淀的溶解度小,则不必这样做。

4. 干扰的消除

强氧化剂、氮的氧化物、铜盐、汞盐均可与 SCN^- 作用而干扰测定,必须事先除去。

5. 适用范围

可用于测定 Cl^-、Br^-、I^-、SCN^-、CN^- 等。

三、应用实例

实例 8-2 磺胺嘧啶银的含量测定　取本品约 0.5 g,精密称定,置具塞锥形瓶中,加硝酸 8 mL 溶解后,加水 50 mL 与硫酸铁铵指示液 2 mL,用硫氰酸铵滴定液(0.1 mol/L)滴定。每 1 mL 硫氰酸铵滴定液(0.1 mol/L)相当于 35.71 mg 的 $C_{10}H_9AgN_4O_2S$。

实例 8-3 肌酐氯化钠注射液中氯化钠的含量测定　精密量取本品 10 mL,加硝酸 5 mL,精密加硝酸银滴定液(0.1 mol/L)25 mL,再加邻苯二甲酸二丁酯 3 mL,强力振摇后,加硫酸铁铵指示液 2 mL,用硫氰酸铵滴定液(0.1 mol/L)滴定,并将滴定的结果用空白试验校正。每 1 mL 硝酸银滴定液(0.1 mol/L)相当于 5.844 mg 的 NaCl。

✎ **讨论互动**

1. 实例 8-2 和实例 8-3 采用的是哪种分析方法？使用的是什么指示剂？滴定方式一样吗？滴定终点的现象是什么？

2. 为保证分析结果的准确度,滴定操作还应注意什么？

3. 实例 8-3 中,加邻苯二甲酸二丁酯并强力振摇的目的是什么？

任务四　吸附指示剂法

吸附指示剂法(Fajans 法)是以硝酸银为滴定液,用吸附指示剂确定滴定终点,通过直接滴定测定卤化物含量的银量法。

一、吸附指示剂法的测定原理

吸附指示剂是一类有色的有机染料,属于有机弱酸(弱碱)。吸附指示剂的离子被带异电荷的胶体沉淀微粒表面吸附之后,结构发生改变而导致颜色变化,从而指示滴定终点。例如,吸附指示剂荧光黄($K_a \approx 10^{-8}$)是一种有机弱酸,用 HFIn 表示,其在溶液中电离出的黄绿色的离子 FIn^-,被难溶银盐胶状沉淀吸附后,结构发生变化而呈粉红色。

(一)滴定反应

以测定 Cl^- 为例,吸附指示剂法的滴定反应为:

$$Ag^+(滴定液) + Cl^-(被测组分) \rightleftharpoons AgCl \downarrow$$

滴定至化学计量点时,化学计量关系为 1:1。根据滴定液的浓度和终点时消耗滴定液的体积,即可计算氯化物的含量。计算公式为:

$$氯化物的含量 = \frac{m_{Cl^-}}{m_s} \times 100\% = \frac{c_{AgNO_3} V_{AgNO_3} M_{Cl^-}}{m_s} \times 100\% \tag{8-5}$$

（二）滴定终点的确定

以荧光黄为指示剂，直接滴定 Cl^- 为例进行讨论。

滴定前：在 NaCl 溶液中加入荧光黄 HFIn 指示剂，NaCl 和荧光黄分别电离，溶液呈现荧光黄阴离子 FIn^- 的颜色，为黄绿色的透明溶液，如图 8-1(a) 所示。反应式为：

$$NaCl \Longrightarrow Na^+ + Cl^-$$
$$HFIn \Longrightarrow H^+ + FIn^- （黄绿色）$$

滴定开始至化学计量点前：加入的 $AgNO_3$ 滴定液与 Cl^- 反应生成白色的 AgCl 沉淀，AgCl 沉淀选择性地吸附溶液中剩余的 Cl^-，沉淀表面带负电荷，不吸附荧光黄阴离子 FIn^-，溶液为黄绿色的浑浊液，如图 8-1(b) 所示。反应式为：

$$Ag^+ + Cl^- \Longrightarrow AgCl \downarrow$$
$$AgCl + Cl^- \Longrightarrow AgCl \cdot Cl^-$$

滴定至化学计量点时：溶液中的 Cl^- 与加入的 $AgNO_3$ 滴定液完全反应，此时，AgCl 沉淀选择性地吸附溶液中稍过量的 Ag^+，沉淀表面带正电荷，吸附荧光黄阴离子 FIn^-，FIn^- 颜色转变为粉红色，如图 8-1(c) 所示，指示计量点到达。反应式为：

$$AgCl + Ag^+ \Longrightarrow AgCl \cdot Ag^+$$
$$AgCl \cdot Ag^+ + FIn^- \Longrightarrow AgCl \cdot Ag^+ \cdot FIn^-$$

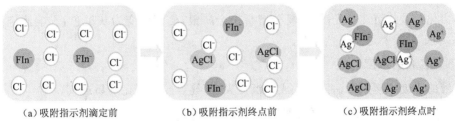

| （a）吸附指示剂滴定前 | （b）吸附指示剂终点前 | （c）吸附指示剂终点时 |

图 8-1　吸附指示剂变色原理

二、吸附指示剂法的滴定条件及适用范围

为使滴定终点时颜色变化明显，吸附指示剂法的滴定条件及适用范围为：

（一）防止胶体沉淀的凝聚

吸附指示剂颜色的变化发生在沉淀表面，胶体沉淀颗粒很小，比表面积大，吸附指示剂离子多，颜色明显。为使沉淀保持胶体状态具有较大的吸附表面，防止沉淀凝聚，应在滴定前加入糊精、淀粉等亲水性高分子化合物等胶体保护剂，使卤化银沉淀呈胶体状态。

（二）溶液的酸度

溶液的酸度应有利于指示剂显色型体的存在。常用的几种吸附指示剂的适用 pH 范围见表 8-2。

表 8-2　常用的吸附指示剂

名称	被测组分	指示液的颜色	被吸附后的颜色	适用的 pH 范围
荧光黄	Cl^-	黄绿色	粉红色	7～10

名称	被测组分	指示液的颜色	被吸附后的颜色	适用的pH范围
二氯荧光黄	Cl^-	黄绿色	红色	4～10
曙红	Br^-、I^-、SCN^-	橙色	红色	2～10
二甲基二碘荧光黄	I^-	橙红色	蓝红色	中性

（三）沉淀对指示剂的吸附能力

胶体沉淀对指示剂离子的吸附能力应略小于对被测离子的吸附能力。在化学计量点前,胶体沉淀吸附溶液中的被测离子;到达化学计量点时,被测离子完全反应,胶体沉淀立即吸附指示剂离子而变色。若胶体沉淀对指示剂离子的吸附能力比对被测离子的吸附能力强,则会在化学计量点前就吸附指示剂离子而变色,使滴定终点提前,测定结果偏低;若胶体沉淀对指示剂离子的吸附能力太弱,则会在到达化学计量点时不能被吸附变色,使滴定终点推迟,测定结果偏高。

卤化银胶体对卤素离子和几种常用指示剂的吸附力的大小次序为:I^->二甲基二碘荧光黄>Br^->曙红>Cl^->荧光黄。因此,在滴定Cl^-时,应选用荧光黄为指示剂;在滴定Br^-时,应选用曙红为指示剂。

（四）避免强光照射

因卤化银胶体沉淀对光敏感,易分解析出金属银,使沉淀变为灰黑色,影响滴定终点的观察,故滴定过程要避免强光照射。

（五）溶液的浓度

溶液的浓度不能太低,否则,生成的沉淀太少,终点颜色变化不易观察。

（六）吸附指示剂法的适用范围

可用于测定Cl^-、Br^-、I^-、SCN^-等。

三、应用实例

实例8-4 氯化钾的含量测定　取本品约0.15 g,精密称定,加水至50 mL溶解后,加2%糊精溶液5 mL、2.5%硼砂溶液2 mL与荧光黄指示液5～8滴,摇匀,用硝酸银滴定液(0.1 mol/L)滴定。每1 mL硝酸银滴定液(0.1 mol/L)相当于7.455 mg的KCl。

讨论互动

1. 实例8-4采用的是哪种分析方法?

2. 为什么要选择荧光黄?滴定终点的现象是什么?可以选择曙红作指示剂吗?

3. 加糊精和硼砂的目的是什么?

任务五　银量法的滴定液

问题探究

1. 通过以上任务的学习,总结银量法中使用的滴定液的种类及各种类的名称。

2. 思考如何配制和标定滴定液。

银量法中使用的滴定液有硝酸银滴定液和硫氰酸铵滴定液两种。

一、硝酸银滴定液(0.1 mol/L)

(一)《中国药典》规定

【配制】取硝酸银 17.5 g,加水适量使溶解成 1 000 mL,摇匀。

【标定】取在 110 ℃ 干燥至恒重的基准氯化钠约 0.2 g,精密称定,加水 50 mL 使溶解,再加糊精溶液(1→50)5 mL、碳酸钙 0.1 g 与荧光黄指示液 8 滴,用本液滴定至浑浊溶液由黄绿变为微红色。每 1 mL 硝酸银滴定液(0.1 mol/L)相当于 5.844 mg 的 NaCl。根据本液的消耗量与基准氯化钠的取用量,算出本液的浓度,即得。

【贮藏】置玻璃塞的棕色玻璃瓶中,密闭保存。

(二)《中国药典》规定解析

硝酸银滴定液一般用间接配制法配制,用基准氯化钠进行标定,标定的原理属于吸附指示剂法。硝酸银滴定液的准确浓度可由称取基准氯化钠的质量和终点时消耗滴定液的体积计算得知,其物质的量浓度计算公式为:

$$c_{AgNO_3} = \frac{m_{NaCl}}{M_{NaCl} \times V_{AgNO_3}} \tag{8-6}$$

由于硝酸银性质不稳定,见光易分解,因此,为保持浓度的稳定,硝酸银滴定液应避光、密闭保存。

二、硫氰酸铵滴定液(0.1 mol/L)

(一)《中国药典》规定

【配制】取硫氰酸铵 8.0 g,加水使溶解成 1 000 mL,摇匀。

【标定】精密量取硝酸银滴定液(0.1 mol/L)25 mL,加水 50 mL、硝酸 2 mL 与硫酸铁铵指示液 2 mL,用本液滴定至溶液显淡棕红色,经剧烈振摇后仍不褪色,即为终点。根据本液的消耗量算出本液的浓度,即得。

硫氰酸钠滴定液(0.1 mol/L)或硫氰酸钾滴定液(0.1 mol/L)均可作为本液的代用品。

(二)《中国药典》规定解析

讨论互动

硫氰酸铵滴定液采用的是哪一种配制方法? 用哪一种方法标定的? 标定的原理是什么? 如何计算硫氰酸铵滴定液的准确浓度?

任务六　银量法在药品检验中的应用

问题探究

1. 在药品检验中,采用银量法进行分析的药物有哪几类?

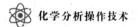

2. 银量法可以直接测定有机卤化物吗？将有机卤素转变为无机卤离子的方法有几种？

一、概述

在药品检验中,无机卤化物(如 NaCl、KCl、NaBr、KBr、KI、NaI 等)、有机碱的氢卤酸盐(如盐酸丙卡巴肼等)、银盐(如磺胺嘧啶银等)、有机卤化物(如三氯叔丁醇、林旦等)以及能形成难溶性银盐的非含卤素有机化合物(如苯巴比妥等)都可用银量法测定。

对于无机卤化物和有机碱的氢卤酸盐,由于在溶液中可直接电离出卤素离子,故可溶解后根据测定要求从 3 种银量法中选择一种方法进行测定。

测定有机卤化物的含量,实质上是测定有机卤化物中卤素原子的含量,因此,测定前需进行适当的处理,使有机卤化物中的有机卤素($—C—X$)以无机卤离子(X^-)的形式进入溶液后,再用银量法测定。使有机卤素转变为无机卤素离子的方法有碱(氢氧化钠、氢氧化钾)水解法、氧瓶燃烧法等。

二、《中国药典》应用实例

实例 8-5 葡萄糖氯化钠注射液中氯化钠的含量测定 精密量取本品 10 mL(含氯化钠 0.9%),加水 40 mL 或精密量取本品 50 mL(含氯化钠 0.18%),加 2% 糊精溶液 5 mL、2.5% 硼砂溶液 2 mL 与荧光黄指示液 5～8 滴,用硝酸银滴定液(0.1 mol/L)滴定。每 1 mL 硝酸银滴定液(0.1 mol/L)相当于 5.844 mg 的 NaCl。

实例 8-6 普罗碘铵的含量测定(眼科用药) 取本品约 0.4 g,精密称定,加水 20 mL 使溶解,加铬酸钾指示液 1.0 mL,用硝酸银滴定液(0.1 mol/L)滴定至出现橘红色沉淀。每 1 mL 硝酸银滴定液(0.1 mol/L)相当于 21.51 mg 的 $C_9H_{24}I_2N_2O_2$(其结构式见图 8-2)。

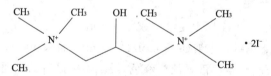

图 8-2 普罗碘铵的结构式

实例 8-7 三氯叔丁醇的含量测定 取本品约 0.1 g,精密称定,加乙醇 5 mL 使溶解,加 20% 氢氧化钠溶液 5 mL,加热回流 15 min,放冷,加水 20 mL 与硝酸 5 mL,精密加硝酸银滴定液(0.1 mol/L)30 mL,再加邻苯二甲酸二丁酯 5 mL,密塞,强力振摇后,加硫酸铁铵指示液 2 mL,用硫氰酸铵滴定液(0.1 mol/L)滴定,并将滴定的结果用空白试验校正。每 1 mL 硝酸银滴定液(0.1 mol/L)相当于 5.915 mg 的 $C_2H_7Cl_3O$(其结构式见图 8-3)。

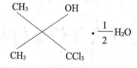

图 8-3 三氯叔丁醇的结构式

三、实例解析

实例 8-7 解析:三氯叔丁醇的含量测定操作规程。

1. 供试液的制备

(1) 供试品溶液的制备。

用万分之一的分析天平称取三氯叔丁醇约 0.1g,置于洁净的具塞锥形瓶中,加乙醇5 mL 溶解后,加 20％的氢氧化钠溶液 5 mL,加热回流 15 min,放冷,加水 20 mL 与硝酸5 mL。

(2) 空白溶液的制备。

于洁净的具塞锥形瓶中,加乙醇 5 mL 溶解后,加 20％的氢氧化钠溶液 5 mL,加热回流 15 min,放冷,加水 20 mL、硝酸 5 mL。

2. 反应阶段

在供试品和空白溶液中分别用移液管或滴定管在锥形瓶中精密加入标定好的硝酸银滴定液(0.1 mol/L)30 mL,再加邻苯二甲酸二丁酯 5 mL,密塞,强力振摇。

3. 剩余滴定

在供试品和空白溶液中分别加硫酸铁铵指示液 2 mL。将标定好的硫氰酸铵滴定液(0.1 mol/L)装入酸式滴定管中,调节液面使其与零刻度相切,记录。在不断用力振摇下,将硫氰酸铵滴定液(0.1 mol/L)滴加到锥形瓶中,至溶液变为淡红色,即达终点,记录消耗滴定液的体积。

4. 数据记录、结果计算与结论

三氯叔丁醇含量测定的数据记录、结果计算与结论见表 8-3。

表 8-3　三氯叔丁醇含量测定记录

供试品名称			批号		生产厂家	
滴定液名称			指示剂名称		滴定温度	
供试品的质量/g	第一份		第二份		第三份	
终点时滴定液的体积/mL	第一份		第二份		第三份	
空白试验值/mL						
含量计算	第一份		第二份		第三份	
精密度计算						
结果计算						
结论	本品按《中国药典》二部检验,结果符合(不符合)规定					

讨论互动

1. 实例 8-7 中,加入氢氧化钠溶液后加热回流的目的是什么?

2. 实例 8-7 中,所需的仪器、试剂是什么?

3. 按照实例 8-7 的解析方法,对实例 8-5 和实例 8-6 进行解析。

任务七 银量法实训

实训十 氯化钠（供注射用）的含量测定

一、实训任务

按照《中国药典》规定，设计实验方案，测定氯化钠的含量。

二、实训要求

1. 知道吸附指示剂法的分析原理、方法要求和测定过程。

2. 能根据《中国药典》规定合理选择实验用品、设计实验方案。

3. 能正确记录实验数据并计算实验结果。

三、《中国药典》规定

取本品约 0.12 g，精密称定，加水 50 mL 溶解后，加 2% 糊精溶液 5 mL、2.5% 硼砂溶液 2 mL 与荧光黄指示液 5～8 滴，用硝酸银滴定液（0.1 mol/L）滴定。每 1 mL 硝酸银滴定液（0.1 mol/L）相当于 5.844 mg 的 NaCl。

四、实训用品

1. 试剂。

将氯化钠（供注射用）的含量测定所需试剂填入表 8-4 中。

表 8-4　氯化钠（供注射用）的含量测定所需试剂

序号	试剂名称	配制方法	用途
1			
2			

2. 仪器。

将氯化钠（供注射用）的含量测定所需仪器填入表 8-5 中。

表 8-5　氯化钠（供注射用）的含量测定所需仪器

序号	仪器名称	规格型号	数量	用途
1				
2				
3				
4				

五、方案设计

将氯化钠（供注射用）的含量测定方案填入表 8-6 中。

表 8-6　氯化钠（供注射用）的含量测定方案

序号	分析过程	操作内容
1		
2		

序号	分析过程	操作内容
3		

六、实训结果

考虑以下问题,设计原始记录。

1. 记录哪些原始数据?

2. 结果计算公式是什么?

3. 数据如何处理?

4. 结论是什么?

目标检测

一、填一填

1. 银量法分为_____、_____和_____,分类的依据是_____。

2. 铬酸钾指示剂法的滴定条件是_____或_____,铁铵矾指示剂须在_____性溶液中进行。吸附指示剂法的滴定条件为_____。

3. 吸附指示剂法在滴定前加入糊精或淀粉,其目的是保护_____,减少沉淀凝聚,增加_____。

二、选一选

1. 下列离子能用铬酸钾指示剂法测定的是(　　)。

　　A. Cl^- 　　　　B. Ag^+ 　　　　C. SCN^- 　　　　D. I^-

2. 铁铵矾指示剂法直接滴定时,滴定过程中必须充分摇动溶液,否则(　　)。

　　A. 被吸附的 Ag^+ 不能及时释放 　　　　B. 先析出 AgSCN 沉淀

　　C. 终点推迟 　　　　D. 反应不发生

3. 下列物质中,被卤化银吸附最强的是(　　)。

　　A. Cl^- 　　　　B. Br^- 　　　　C. I^- 　　　　D. 荧光黄

4. 铁铵矾指示剂法的直接滴定法常用来测定(　　)。

　　A. Ba^{2+} 　　　　B. Ag^+ 　　　　C. X^- 　　　　D. SCN^-

5. 用 $AgNO_3$ 滴定氯化物,以荧光黄指示终点的现象是(　　)。

　　A. 沉淀为微红色 　　　　B. 溶液为橙色

　　C. 沉淀为黄绿色 　　　　D. 溶液为蓝色

6. 用吸附指示剂测定 NaBr 的含量,选用的最佳指示剂是(　　)。

　　A. 曙红钠 　　　　B. 二氯荧光黄

　　C. 二甲基二碘荧光黄 　　　　D. 甲基紫

7. $AgNO_3$ 滴定液应储存于(　　)。

　　A. 白色容量瓶 　　B. 棕色试剂瓶 　　C. 白色试剂瓶 　　D. 综合滴定管

8. 用铁铵矾指示剂法测定氯化物时,为防止沉淀转化,在加入过量的 $AgNO_3$ 滴定液后,应加入一定量的(　　)。

　　A. $NaHCO_3$ 　　　　B. 硝基苯 　　　　C. 硝酸 　　　　D. $CaCO_3$

9. 用铬酸钾指示剂法测定 NaCl 的含量时,滴定终点的现象为(　　)。

    A. 黄色沉淀　　　　B. 绿色沉淀　　　　C. 白色沉淀　　　　D. 砖红色沉淀

10. 用铁铵矾指示剂法测定 NaBr 的含量时,滴定终点的现象为(　　)。

    A. 砖红色沉淀　　　　　　　　　　B. 黄色沉淀

    C. 溶液为淡棕红色　　　　　　　　D. 溶液为蓝色

三、判一判

1. 铬酸钾指示剂法测定 Cl^- 时,指示剂 K_2CrO_4 的用量越大,终点越易观察,测定结果准确度越高。（　　）

2. 用铁铵矾指示剂法直接滴定 Ag^+ 时,滴定过程中必须剧烈摇动。剩余滴定测定 Cl^- 时,也应该剧烈摇动。（　　）

3. 可以将 $AgNO_3$ 溶液放入碱式滴定管中进行滴定操作。（　　）

4. 在吸附指示剂法中,为了使沉淀具有较强的吸附能力,通常加入适量的糊精或淀粉,使沉淀处于胶体状态。（　　）

5. 用铁铵矾作指示剂的沉淀滴定反应,可以在中性或碱性条件下进行。（　　）

四、想一想

1. 银量法可用于哪些化合物的分析?

2. 铬酸钾指示剂法为何不宜测定 SCN^- 和 I^- ?

3. 铁铵矾指示剂返滴定法测定 Cl^- 含量时,对 AgCl 沉淀应如何处理? 如果不处理,对测定结果有何影响? 测定 Br^- 或 I^- 时,也需要对银盐沉淀处理吗? 为什么?

项目九 配位滴定法

学习目标

【知识目标】

1. 掌握乙二胺四乙酸（EDTA）的性质及其配合物的特点，金属指示剂的概念、作用原理、应具备的条件，金属指示剂的封闭现象和消除方法，EDTA 滴定法准确滴定的条件。

2. 熟悉配位滴定法对配位反应的基本要求、常见金属指示剂的适用条件。

3. 了解配位滴定法在药品检验中的应用。

【技能目标】

1. 会按照《中国药典》规定配制 EDTA 滴定液和锌滴定液。

2. 会配制缓冲溶液和金属指示剂。

3. 会按照《中国药典》规定用 EDTA 滴定法进行药品分析检验。

任务一 了解配位滴定法

回顾滴定分析法，滴定反应有哪 4 点基本要求？配位反应的特点是什么？对于配位反应，应如何满足这 4 点要求？

一、配位滴定法的概念

配位滴定法是以配位反应为基础的滴定分析方法，即滴定反应是金属离子和配位剂反应生成配位化合物的反应。

配位反应可以表示为：金属离子＋配位剂＝配合物。

配位反应具有极大的普遍性，但不是所有的配位反应及其生成的配合物均可满足滴定反应的条件。能用于配位滴定的配位反应必须具备以下条件：

（1）配位反应必须完全，即生成的配合物的稳定常数足够大。

（2）反应应按一定的反应式定量进行，即金属离子与配位剂的比例（即配位比）要恒定。

（3）反应速度快。

（4）有适当的方法确定终点。

受条件所限,绝大部分无机配位剂由于配合物不稳定(反应不完全)、分级配位(计量关系不确定或终点无法确定)等原因,不能满足滴定分析法对滴定反应的要求。

众多配位剂中仅有一部分可用于配位滴定,如氨羧配位剂。氨羧配位剂是一类以氨基二乙酸[—N(CH$_2$COOH)$_2$]为基体的配位剂,能同时提供 N 和 O 原子作配位原子,几乎可以和所有的金属离子进行配位。这类配位剂中,以 EDTA 最为常用。

氨羧配位剂由于具有几乎能与所有金属离子配位、配合物稳定等特点,广泛用于配位滴定法中。其中,最常用的是 EDTA,故配位滴定法主要是指 EDTA 滴定法,即滴定反应为金属离子和 EDTA 反应生成螯合物的反应的配位滴定法。

二、EDTA 及其配合物

(一) EDTA

1. EDTA 的结构

乙二胺四乙酸(Ethylene Diamine Tetraacetic Acid)简称 EDTA,常用 H$_4$Y 表示。其结构式为:

$$\text{HOOCH}_2\text{C} \diagdown \atop \text{HOOCH}_2\text{C} \diagup \text{N}-\text{CH}_2-\text{CH}_2-\text{N} {\diagup \text{CH}_2\text{COOH} \atop \diagdown \text{CH}_2\text{COOH}}$$

羧基上的两个氢转移到氮原子上形成双偶极分子,在较低的 pH 下,它还可以再结合两个 H$^+$ 而形成 H$_6$Y^{2+}。

2. EDTA 的性质

EDTA 为白色粉末状结晶,在水中的溶解度很小,故 EDTA 滴定中常使用 EDTA 的二钠盐(用 Na$_2$H$_2$Y·2H$_2$O 表示)配制滴定液。Na$_2$H$_2$Y·2H$_2$O 在 22 ℃时的溶解度为 11.1 g/100 mL,相当于 0.3 mol/L。EDTA 的二钠盐一般也称为 EDTA。

3. EDTA 的离解平衡

在水溶液中,EDTA 可看作六元酸,有六级离解平衡:

$$\text{H}_6\text{Y}^{2+} \Longrightarrow \text{H}^+ + \text{H}_5\text{Y}^+ \qquad K_{a_1} = \frac{[\text{H}_5\text{Y}^+][\text{H}^+]}{[\text{H}_6\text{Y}^{2+}]} = 1.26 \times 10^{-1}$$

$$\text{H}_5\text{Y}^+ \Longrightarrow \text{H}^+ + \text{H}_4\text{Y} \qquad K_{a_2} = \frac{[\text{H}_4\text{Y}][\text{H}^+]}{[\text{H}_5\text{Y}^+]} = 2.51 \times 10^{-2}$$

$$\text{H}_4\text{Y} \Longrightarrow \text{H}^+ + \text{H}_3\text{Y}^- \qquad K_{a_3} = \frac{[\text{H}_3\text{Y}^-][\text{H}^+]}{[\text{H}_4\text{Y}]} = 1.00 \times 10^{-2}$$

$$\text{H}_3\text{Y}^- \Longrightarrow \text{H}^+ + \text{H}_2\text{Y}^{2-} \qquad K_{a_4} = \frac{[\text{H}_2\text{Y}^{2-}][\text{H}^+]}{[\text{H}_3\text{Y}^-]} = 2.14 \times 10^{-3}$$

$$\text{H}_2\text{Y}^{2-} \Longrightarrow \text{H}^+ + \text{HY}^{3-} \qquad K_{a_5} = \frac{[\text{HY}^{3-}][\text{H}^+]}{[\text{H}_2\text{Y}^{2-}]} = 6.92 \times 10^{-7}$$

$$\text{HY}^{3-} \Longrightarrow \text{H}^+ + \text{Y}^{4-} \qquad K_{a_6} = \frac{[\text{Y}^{4-}][\text{H}^+]}{[\text{HY}^{3-}]} = 5.50 \times 10^{-11}$$

六级离解关系,可以综合成下列平衡:

$$\text{H}_6\text{Y}^{2+} \underset{+\text{H}^+}{\overset{-\text{H}^+}{\rightleftharpoons}} \text{H}_5\text{Y}^+ \underset{+\text{H}^+}{\overset{-\text{H}^+}{\rightleftharpoons}} \text{H}_4\text{Y} \underset{+\text{H}^+}{\overset{-\text{H}^+}{\rightleftharpoons}} \text{H}_3\text{Y}^- \underset{+\text{H}^+}{\overset{-\text{H}^+}{\rightleftharpoons}} \text{H}_2\text{Y}^{2-} \underset{+\text{H}^+}{\overset{-\text{H}^+}{\rightleftharpoons}} \text{HY}^{3-} \underset{+\text{H}^+}{\overset{-\text{H}^+}{\rightleftharpoons}} \text{Y}^{4-}$$

由离解平衡可以看出，EDTA 在水溶液中以 H_6Y^{2+}、H_5Y^+、H_4Y、H_3Y^-、H_2Y^{2-}、HY^{3-}、Y^{4-}（为书写简便，有时略去电荷）7 种形式同时存在。不同 pH 时，EDTA 的主要存在形式见表 9-1。在这 7 种存在形式中，只有 Y^{4-} 能与金属离子生成稳定的配合物，所以，溶液的酸度越低，$[Y^{4-}]$ 越高，EDTA 的配位能力越强，反应进行得越完全。我们将 $[Y^{4-}]$ 称为 EDTA 的有效浓度。

表 9-1　不同 pH 时，EDTA 的主要存在形式

溶液的 pH	<1	1～1.6	1.6～2.0	2.0～2.67	2.67～6.16	6.16～10.26	>10.26
主要存在形式	H_6Y^{2+}	H_5Y^+	H_4Y	H_3Y^-	H_2Y^{2-}	HY^{3-}	Y^{4-}

（二）EDTA 配位反应

1. EDTA 配合物的稳定常数

EDTA 与金属离子（M）反应生成配合物，反应式为：

$$M + Y \Longrightarrow MY \quad \text{（为简化省去电荷）}$$

反应达到平衡时，反应平衡常数为：

$$K = \frac{[MY]}{[M][Y]} \tag{9-1}$$

K 越大，表明配位反应进行得越完全，同时也表明生成的配合物越稳定，因此，在配位反应中，把 K 称为配合物的稳定常数，用 K_{MY} 表示。

在 EDTA 滴定法中，K_{MY} 越大，表明金属离子与 EDTA 的反应能力越强，反应进行得越完全。在适当的条件下，当 $\lg K_{MY} > 8$ 时，就可以准确配位滴定。常见的 EDTA 与金属离子的配合物的 $\lg K_{MY}$ 见表 9-2。

表 9-2　常见的 EDTA 与金属离子的配合物的 $\lg K_{MY}$

金属离子	配合物	$\lg K_{MY}$	金属离子	配合物	$\lg K_{MY}$	金属离子	配合物	$\lg K_{MY}$
Na^+	NaY^{3-}	1.66	Fe^{2+}	FeY^{2-}	14.32	Cu^{2+}	CuY^{2-}	18.80
Li^+	LiY^{3-}	2.79	Al^{3+}	AlY^-	16.30	Hg^{2+}	HgY^{2-}	21.80
Ag^+	AgY^{3-}	7.32	Co^{2+}	CoY^{2-}	16.31	Sn^{2+}	SnY^{2-}	22.10
Ba^{2+}	BaY^{2-}	7.86	Cd^{2+}	CdY^{2-}	16.46	Bi^{3+}	BiY^-	27.94
Mg^{2+}	MgY^{2-}	8.69	Zn^{2+}	ZnY^{2-}	16.50	Cr^{3+}	CrY^-	23.40
Ca^{2+}	CaY^{2-}	10.69	Pb^{2+}	PbY^{2-}	18.04	Fe^{3+}	FeY^-	25.10
Mn^{2+}	MnY^{2-}	13.87	Ni^{2+}	NiY^{2-}	18.60	Co^{3+}	CoY^-	36.00

2. EDTA 配合物的特点

（1）配合物非常稳定，配位反应可进行完全。如图 9-1 所示，形成的螯合物结构中有多个五元环，所以非常稳定。

（2）计量关系简单。EDTA 与金属离子的配位比一般情况下都是 1∶1，便于计算。

（3）配位反应速度快且多数可溶于水，便于滴定。

（4）配合物大部分为无色或浅色；EDTA 和无色金属离子反应时，生成的配离子也无色，便于使用指示剂确定终

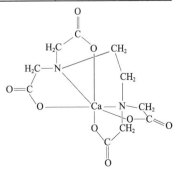

图 9-1　Ca-EDTA 螯合物

点;和有色金属离子反应时,生成的螯合物颜色加深。

知识链接

EDTA 配位反应的副反应

EDTA 滴定时,除被测金属离子和 EDTA 反应生成 EDTA 配合物的滴定反应外,还同时存在不少副反应,如图 9-2 所示。

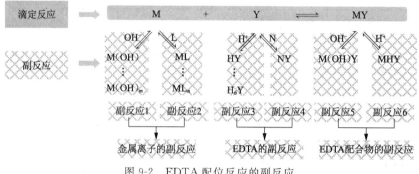

图 9-2　EDTA 配位反应的副反应

副反应 1:被测金属离子 M 与溶液中 OH$^-$ 的反应,称为羟基配位效应。

副反应 2:被测金属离子 M 与溶液中其他配位剂 L 的反应,称为辅助配位效应。

副反应 3:EDTA 与溶液中 H$^+$ 的反应,称为酸效应。

副反应 4:EDTA 与溶液中其他金属离子的反应,称为共存离子效应或干扰离子效应。

副反应 5 和 6:EDTA 配合物与溶液中 H$^+$ 和 OH$^-$ 的反应,称为混合配位效应。

对滴定反应来说,金属离子的副反应和 EDTA 的副反应将影响滴定反应进行的完全程度。下面主要讨论酸效应和配位效应。

(1) 酸效应。

酸效应是由于溶液中 H$^+$ 与 Y 发生副反应,使 Y 与被测金属离子反应能力降低的现象。酸效应的大小,取决于溶液中的 [H$^+$]。溶液中 [H$^+$] 增大,Y 与 H$^+$ 结合生成一系列弱酸 HY^{3-}、H$_2$Y^{2-}、H$_3$Y$^-$、H$_4$Y、H$_5$Y$^+$、H$_6$Y^{2+},导致滴定反应平衡向左移动,使配合物 MY 的稳定性降低,滴定反应的完全程度降低。

(2) 配位效应。

配位效应是由于溶液中的其他配位剂(L 和 OH$^-$)与被测金属离子反应,使被测金属离子与 EDTA 反应能力降低的现象。配位效应的大小,取决于其他配位剂配合物的稳定常数和其他配位剂的浓度。其他配位剂配合物的稳定常数和其他配位剂的浓度越大,被测金属离子与其他配位剂反应的程度越大,被测金属离子与 EDTA 的反应程度降低。

任务二　金属指示剂

配位滴定法是通过金属指示剂的颜色变化来确定滴定终点的。金属离子指示剂简称金属指示剂,是一种具有颜色的有机配位剂,能与被测金属离子配位生成与游离态颜色不同的有色配合物,可反映滴定过程中金属离子浓度的变化,从而指示滴定终点的到达。

一、金属指示剂的作用原理

以 In 表示金属指示剂,其在溶液中呈现颜色 A,它与金属离子 M 形成的配合物 MIn 在溶液中呈现颜色 B,K_{MIn} 比 K_{MY} 低。用 EDTA 滴定金属离子 M,金属指示剂 In 的作用原理可用方程式表示。反应式为:

$$M \quad\quad + \quad\quad In \quad\quad \Longleftrightarrow \quad\quad MIn$$

被测离子　　　　金属指示剂(色A)　　　金属指示剂配合物(色B)

终点前,在供试品溶液中加入指示剂,指示剂与被测金属离子生成配合物,溶液呈现金属指示剂配合物的颜色(颜色B)。

终点时,EDTA 与 MIn 反应生成 MY 和 In,溶液由金属指示剂配合物的颜色(颜色B)转变为金属指示剂自身的颜色(颜色A)。反应式为:

$$Y \quad\quad + \quad\quad MIn \quad\quad \Longleftrightarrow \quad\quad MY \quad\quad + \quad\quad In$$

滴定液　　　金属指示剂配合物(色B)　　　　　　金属指示剂(色A)

例如,在 pH＝10 的条件下,用 EDTA 滴定 $MgSO_4$,以 EBT 为指示剂为例进行讨论。

滴定前:$MgSO_4$ 在溶液中全部离解为金属离子 Mg^{2+} 和 SO_4^{2-},加入的金属指示剂铬黑 T(EBT)与 Mg^{2+} 生成红色的配合物 $MgIn^-$,因溶液中存在大量无色的被测金属离子 Mg^{2+} 和少量红色的配合物 $MgIn^-$,故溶液呈红色。反应式为:

$$Mg^{2+} + HIn^{2-} \xrightarrow{pH=10} MgIn^- + H^+$$

无色　　　　　　　红色

滴定开始至化学计量点前:滴加的 EDTA 与溶液中的 Mg^{2+} 反应生成无色的配合物 MgY^{2-},溶液仍呈红色。反应式为:

$$Mg^{2+} + H_2Y^{2-} \Longleftrightarrow MgY^{2-} + 2H^+$$

无色　　　　　　无色

滴定至化学计量点时:溶液中的 Mg^{2+} 全部与 EDTA 反应,由于 $K_{MY} > K_{MIn}$,滴加的 EDTA 将 MIn^- 中的 EBT 置换出来,生成 MgY^{2-} 和 HIn^{2-},溶液由红色变为蓝色,指示滴定终点到达。反应式为:

$$MgIn^- + H_2Y^{2-} \Longleftrightarrow MgY^{2-} + HIn^{2-} + H^+$$

红色　　　　　　　蓝色

二、金属指示剂应具备的条件

(1)金属指示剂本身的颜色与其配合物的颜色应有明显的差别。金属指示剂大多是弱酸,其颜色随 pH 的变化而变化,因此,必须控制适当的 pH 范围。例如,铬黑 T 在溶液中存在以下平衡:

$$H_2In^- \Longleftrightarrow HIn^{2-} \Longleftrightarrow In^{3-}$$

紫红色　　　蓝色　　　橙色

当 pH＜6.3 时,呈紫红色;当 pH＞11.6 时,呈橙色。它们均与其金属离子配合物的红色相接近,因此,使用 EBT 时,为使滴定终点颜色变化明显,pH 应控制在 6.3～11.6。

(2)金属指示剂配合物的稳定性要适当。K_{MIn} 应比 K_{MY} 低,这样在终点时 EDTA 才能夺取 MIn 中的 M 生成 MY,使指示剂 In 游离出来而变色。一般要求 $K_{MY}/K_{MIn}>10^2$;K_{MIn} 不能太低,一般要求 $K_{MIn}>10^4$,否则会在终点前分解,导致终点提前。

（3）金属指示剂与金属离子的反应要灵敏、迅速,具有较好的可逆性。

（4）金属指示剂配合物应易溶于水。

（5）金属指示剂应比较稳定,便于储藏和使用。

三、金属指示剂的封闭、僵化和变质现象

1. 指示剂的封闭现象

EDAT 滴定至化学计量点后,过量的 EDTA 滴定液不能从 MIn 中将金属指示剂置换出来,颜色不发生变化的现象称为金属指示剂的封闭现象。其产生的原因主要如下:

（1）被测金属离子 M 与金属指示剂 In 生成的配合物 MIn 的稳定性大于被测金属离子与 EDTA 生成的配合物的稳定性,即 $K_{MIn}>K_{MY}$,以至达到化学计量点时,即使滴入过量的 EDTA,也不能置换出 MIn 中的金属离子。此种情况可采用返滴定方式加以避免。例如,测定 Al^{3+} 的含量。

（2）其他金属离子 N 与金属指示剂 In 生成的配合物 NIn 的稳定性大于其他金属离子与 EDTA 生成的配合物的稳定性,即 $K_{NIn}>K_{MY}$。此种情况需加入掩蔽剂或采用预分离的方法加以克服。

在 EDTA 滴定中,将引起金属指示剂封闭现象的其他金属离子称为封闭离子。为了消除封闭离子的影响,常加入某种试剂,使之与封闭离子生成比 NIn 更加稳定的配合物,而不再与指示剂配位,这种方法称为掩蔽,这种试剂称为掩蔽剂。根据掩蔽反应的类型,掩蔽的方法可分为配位掩蔽法、沉淀掩蔽法和氧化还原掩蔽法等,其中应用最广泛的是配位掩蔽法。例如,用 EDTA 滴定水中的 Ca^{2+}、Mg^{2+} 时,Fe^{3+}、Al^{3+} 为封闭离子,可加入掩蔽剂三乙醇胺消除干扰。常用的配位掩蔽剂及使用范围见表 9-3。

表 9-3 常用的配位掩蔽剂及使用范围

名称	pH 范围	被掩蔽的离子	备注
KCN	>8	Co^{2+}、Ni^{2+}、Cu^{2+}、Zn^{2+}、Hg^{2+}、Ag^+ 及铂族元素	剧毒
NH_4F	4～6	Al^{3+}、Ti^{4+}、Sn^{4+}、Zr^{4+}、W^{6+} 等	用 NH_4F 比用 NaF 好,因为加入 NH_4F 后溶液的 pH 变化不大
	10	Al^{3+}、Mg^{2+}、Ca^{2+}、Sr^{2+}、Ba^{2+} 及稀土元素	
三乙醇胺（TEA）	10	Al^{3+}、Ti^{4+}、Sn^{4+}、Fe^{3+}	与 KCN 合用可提高掩蔽效果
	11～12	Al^{3+}、Fe^{3+} 及少量的 Mn^{2+}	
酒石酸	1.2	Sb^{3+}、Sn^{4+}、Fe^{3+} 及 5 mg 以下的 Cu^{2+}	在抗坏血酸存在下
	2	Fe^{3+}、Sn^{4+}、Mn^{2+}	
	5.5	Al^{3+}、Sn^{4+}、Fe^{3+}、Ca^{2+}	
	6～7.5	Mg^{2+}、Cu^{2+}、Fe^{3+}、Al^{3+}、Mo^{4+}、Sb^{3+}、W^{6+}	
	10	Al^{3+}、Sn^{4+}	

2. 指示剂的僵化现象

有些指示剂或金属指示剂配合物在水中的溶解度太小,使得滴定液与金属指示剂配合

142

物(MIn)交换缓慢,终点拖长,这种现象称为指示剂僵化。解决的办法是加入有机溶剂或加热,以增大其溶解度。例如,用 PAN 作指示剂时,经常加入酒精或在加热下滴定。

3. 指示剂的变质现象

金属指示剂大多为含双键的有色化合物,易被日光、氧化剂、空气所分解,在水溶液中多不稳定,日久会变质。若配成固体混合物则较稳定,保存时间较长。例如,铬黑 T 和钙指示剂,常用固体 NaCl 或 KCl 作稀释剂来配制。

四、常用的金属指示剂

金属指示剂有很多,现对几种最常用的金属指示剂的简称、适用的 pH 范围、终点现象和封闭离子等进行总结,见表 9-4。

表 9-4　常用的金属指示剂

名称	简称	pH 范围	缓冲体系	颜色变化		直接滴定离子	封闭离子	掩蔽剂
				MIn	In			
铬黑 T	EBT	7.0~11.0	NH$_3$-NH$_4$Cl	红色	蓝色	Mg^{2+}、Zn^{2+}、Pb^{2+}、Hg^{2+}	Al^{3+}、Fe^{3+}、Cu^{2+}、Ni^{2+}、Ni^{2+}	三乙醇胺、KCN
二甲酚橙	XO	<6.3	HAc-NaAc	红色	亮黄色	Bi^{3+}、Pb^{2+}、Zn^{2+}、Cd^{2+}、Hg^{2+}	Al^{3+}、Fe^{3+}、Cu^{2+}、Co^{2+}、Ni^{2+}	三乙醇胺、酒石酸
钙指示剂	NN	12.0~13.0	NaOH	红色	蓝色	Ca^{2+}	Al^{3+}、Fe^{3+}、Cu^{2+}、Co^{2+}、Ni^{2+}	三乙醇胺、KCN

任务三　EDTA 滴定法的滴定条件

一、准确滴定的条件

滴定分析法要求终点误差≤±0.1%。用 EDTA 滴定法测定金属离子时,若金属离子的浓度为 c,到达滴定终点时,反应进行的总程度应达到 99.9% 以上,此时,条件稳定常数为:

$$K'_{MY} = \frac{[MY']}{[M'][Y']} \geqslant \frac{c_{M(sp)} \times 99.9\%}{(c_{M(sp)} \times 0.1\%)^2} = \frac{10^6}{c_{M(sp)}} \tag{9-2}$$

经整理得:

$$c_{M(sp)} K'_{MY} \geqslant 10^6 \text{ 或 } \lg c_{M(sp)} K'_{MY} \geqslant 6 \tag{9-3}$$

该式为某一种金属离子能够用 EDTA 准确滴定的条件。

用 EDTA 滴定法测定金属离子时,金属离子浓度一般为 0.02 mol/L 左右,若用等浓度的 EDTA 滴定液进行滴定,则 $c_{M(sp)} = 0.01$ mol/L,代入式(9-3)得:

$$K'_{MY} \geqslant 10^8 \text{ 或 } \lg K'_{MY} \geqslant 8 \tag{9-4}$$

式(9-3)(9-4)为一般条件下,能够准确滴定单一金属离子的判别式。

二、溶液的酸度及控制

在 EDTA 滴定中,由于溶液的酸度对被测金属离子、EDTA 和指示剂都有影响,因此,为保证准确滴定,必须选择和控制溶液的酸度,使其在适当的 pH 范围之内。

(一) 最高酸度或最低 pH

EDTA 滴定时,若只考虑酸的效应,则溶液的酸度越高,EDTA 与金属离子的反应程度越低,条件稳定常数 K'_{MY} 越低。因此,EDTA 滴定时,溶液的酸度有一个最高限度,超过这一酸度就会使 $K'_{MY} < 10^8$,金属离子不能准确滴定。金属离子用 EDTA 准确滴定时的最高允许酸度,称为最高酸度或最低 pH。

不同金属离子的 K_{MY} 不同,直接准确滴定所要求的最高酸度也不同。K_{MY} 值越大,准确滴定允许的最高酸度也越高。例如,由于 Al^{3+} 的 EDTA 配合物的 $\lg K_{FeY}$ 为 16.3,EDTA 准确滴定的允许最高酸度为 pH=4.2,所以滴定时应控制溶液的 pH=6.0;而 Mg^{2+} 的 EDTA 配合物的 $\lg K_{MgY}$ 为 8.69,EDTA 准确滴定的允许最高酸度为 pH=9.7,所以滴定时应控制溶液的 pH=10.0。常见金属离子准确滴定允许的最高酸度见表 9-5。

表 9-5 常见金属离子准确滴定允许的最高酸度(最低 pH)

金属离子	最低 pH	金属离子	最低 pH	金属离子	最低 pH
Mg^{2+}	9.7	Co^{2+}	4.0	Cu^{2+}	2.9
Ca^{2+}	7.5	Cd^{2+}	3.9	Hg^{2+}	1.9
Mn^{2+}	5.2	Zn^{2+}	3.9	Sn^{2+}	1.7
Fe^{2+}	5.0	Pb^{2+}	3.2	Fe^{3+}	1.0
Al^{3+}	4.2	Ni^{2+}	3.0		

(二) 最低酸度或最高 pH

在 EDTA 滴定中,溶液的酸度越低,配合物的条件稳定常数值越大,对准确滴定越有利。但是酸度过低时,某些金属离子将与溶液中的 OH^- 反应,生成氢氧化物沉淀,影响金属离子 EDTA 配合物的反应程度和终点的判断。因此,用 EDTA 滴定时,溶液的酸度应不低于金属离子生成氢氧化物沉淀的程度,这一酸度称为最低酸度。

(三) 其他 pH 要求

除了考虑以上溶液的最高 pH 和最低 pH 之外,溶液的酸度还应考虑金属指示剂适宜的 pH 范围。

(四) 溶液酸度的控制

EDTA 准确滴定时,溶液的酸度应控制在最高酸度和最低酸度之间。同时,在 EDTA 滴定过程中,由于反应有 H^+ 生成,溶液的酸度会随滴定的进行不断升高。因此,为保证 EDTA 准确滴定,滴定前应在溶液中加入一定量的缓冲溶液来控制溶液的酸度,使其在整个滴定过程中保持在适当的酸度范围内。

三、提高配位滴定的选择性

在配位滴定中,EDTA 的配位能力强,因此应用广泛,但也决定了其选择性不高。为了消除共存离子的干扰,常采取一些措施来提高配位滴定的选择性。

（一）控制溶液的酸度

由于不同金属离子准确滴定所要求的最高酸度不同，所以可以通过调节酸度来提高配位滴定的选择性。例如，当 Bi^{3+} 和 Pb^{2+} 共存时，可以先调节溶液的 $pH \approx 1$，用 EDTA 滴定 Bi^{3+}，Pb^{2+} 不会产生干扰。当 Bi^{3+} 定量滴定后，调节溶液的 $pH = 5 \sim 6$，可继续用 EDTA 滴定 Pb^{2+}，从而可实现在混合离子体系中进行分别滴定。

（二）利用掩蔽法消除干扰

在配位滴定中，如果金属离子 M 和 N 的稳定常数比较接近，则不能用控制酸度的方法进行分别滴定。此时可加入适当的掩蔽剂，使它与干扰离子反应，而不与被测离子作用，以此大大降低干扰离子的浓度，从而消除其干扰。常用的掩蔽方法有配位掩蔽法、沉淀掩蔽法和氧化还原掩蔽法。

1. 配位掩蔽法

利用配位反应降低或消除干扰离子的方法，是最常用的掩蔽法。例如，水硬度的测定中，用 EDTA 滴定水中的 Ca^{2+}、Mg^{2+} 时，水中的 Fe^{3+}、Al^{3+} 对测定有干扰，常加入三乙醇胺，使其与 Fe^{3+}、Al^{3+} 生成更稳定的配合物，使之不干扰 Ca^{2+}、Mg^{2+} 的测定。

2. 沉淀掩蔽法

在溶液中加入沉淀剂（掩蔽剂），使干扰离子与掩蔽剂反应生成沉淀的方法。例如，在 Ca^{2+}、Mg^{2+} 共存的溶液中，选择滴定 Ca^{2+} 时，可加入 NaOH 溶液使溶液的 $pH > 12$，此时 Mg^{2+} 生成 $Mg(OH)_2$ 沉淀而不被滴定。

3. 氧化还原掩蔽法

利用氧化还原反应改变干扰离子的价态，以消除干扰的方法。例如，用 EDTA 滴定 Bi^{3+} 等离子时，溶液中的 Fe^{3+} 会产生干扰，此时可加入抗坏血酸或羟胺，将 Fe^{3+} 还原成 Fe^{2+}，达到掩蔽的作用。

任务四　EDTA 滴定法的滴定液

1. EDTA 滴定法中使用的滴定液有几种？分别是什么？

2. 如何配制和标定滴定液？

EDTA 滴定法中常用的滴定液有乙二胺四乙酸二钠滴定液和锌滴定液两种。

一、乙二胺四乙酸二钠滴定液

EDTA 滴定法直接滴定金属离子的滴定液是乙二胺四乙酸二钠滴定液，常用的浓度为 $0.01 \sim 0.05 \ mol/L$。

（一）《中国药典》规定

【配制】取乙二胺四乙酸二钠 19 g，加适量的水溶解并稀释至 1 000 mL，摇匀。

【标定】取于约 800 ℃灼烧至恒重的标准氧化锌 0.12 g，精密称定，加稀盐酸 3 mL 使溶解，加水 25 mL，加 0.025% 甲基红乙醇溶液 1 滴，滴加氨试液至溶液呈现微黄色，加水

25 mL与氨-氯化铵缓冲液(pH≈10.0)10 mL,再加铬黑 T 指示剂少量,用本液滴定至溶液由紫红色变为纯蓝色,并将滴定的结果用空白试验校止。每 1 mL乙二胺四乙酸二钠滴定液(0.05 mol/L)相当于 4.069 mg 的氧化锌。根据本液的消耗量与氧化锌的取用量,算出本液的浓度,即得。

(二)《中国药典》规定解析

EDTA 滴定液配制时,若使用乙二胺四乙酸二钠的基准试剂,则可采用直接配制法。若使用乙二胺四乙酸二钠的分析纯试剂,应采用间接法配制滴定液,即先粗略配制成与标示浓度近似的浓度,再通过标定确定其准确浓度。

《中国药典》规定,乙二胺四乙酸二钠滴定液标定用的基准物质为氧化锌,用铬黑 T 作指示剂。根据准确滴定 Zn^{2+} 的最高酸度和 EBT 指示剂的适宜 pH 范围,标定时溶液的酸度应控制在 pH=10.0。因此,ZnO 用稀盐酸溶解后,以甲基红为酸碱指示剂,用氨试液调节至中性左右,再加氨-氯化铵缓冲液。滴定至终点时,溶液由红色变为纯蓝色。

标定前的反应式为:

$$ZnO+2HCl \Longrightarrow ZnCl_2+H_2O$$

标定的反应式为:

$$Zn^{2+}+H_2Y^{2-} \Longrightarrow ZnY^{2-}+2H^+$$

根据称取的 ZnO 的质量和终点时消耗的滴定液的体积,即可计算出滴定液的准确浓度。计算公式为:

$$c_{EDTA}=\frac{1\ 000 \times m_{ZnO}}{M_{ZnO}V_{EDTA}} \tag{9-5}$$

二、锌滴定液

EDTA 滴定法返滴定时、测定配位剂含量时常用锌滴定液。

(一)《中国药典》规定

【配制】取硫酸锌 15 g(相当于锌约 3.3 g),加稀盐酸 10 mL 与水适量使溶解成 1 000 mL,摇匀。

【标定】精密量取本液 25 mL,加 0.025%甲基红的乙醇溶液 1 滴,滴加氨试液至溶液显微黄色,加水 25 mL、氨-氯化铵缓冲液(pH≈10.0)10 mL 与铬黑 T 指示剂少量,用乙二胺四乙酸二钠滴定液(0.05 mol/L)滴定至溶液由红色变为纯蓝色,并将滴定的结果用空白试验校正。根据乙二胺四乙酸二钠滴定液(0.05 mol/L)的消耗量,算出本液的浓度,即得。

(二)《中国药典》规定解析

锌滴定液采用间接法配制。用已知准确浓度的 EDTA 滴定液通过比较法标定。根据精密量取的锌滴定液的体积、终点时消耗的 EDTA 滴定液的体积与浓度,即可计算出锌滴定液的准确浓度。计算公式为:

$$c_{Zn}=\frac{c_{EDTA}V_{EDTA}}{V_{Zn}} \tag{9-6}$$

任务五　EDTA 滴定法在药品检验中的应用

一、概述

EDTA 滴定法的滴定方式主要为直接滴定和剩余滴定,可用来测定金属化合物。EDTA滴定法在药品检验中应用广泛,如明矾、氢氧化铝等药用铝盐的测定,硫酸锌、氧化锌、葡萄糖酸锌等药用锌盐的测定,葡萄糖酸钙、硫酸钙、乳酸钙、氯化钙等钙盐含量的测定,药用镁盐的测定等。

EDTA 测定铝盐时,由于 Al^{3+} 与 EDTA 的反应速度较慢,Al^{3+} 对二甲酚橙、铬黑 T 等指示剂有封闭作用,所以不能用直接滴定法,可采用剩余滴定法。

EDTA 测定钙盐时,由于 Ca^{2+} 和铬黑 T 的配合物不稳定,所以测定 Ca^{2+} 多用钙紫红素作指示剂,在 pH＝12～13 时滴定。

在测定时,如果有多种金属离子共存产生干扰,注意干扰离子的掩蔽。

二、《中国药典》应用实例

实例 9-1 乳酸钙的含量测定　取本品约 0.3 g,精密称定,加水 100 mL,加热使溶解,放冷,加氢氧化钠试液 15 mL 与钙紫红素指示剂约 0.1 g,用乙二胺四乙酸二钠滴定液(0.05 mol/L)滴定至溶液由紫红色变为纯蓝色。每 1 mL 乙二胺四乙酸二钠滴定液(0.05 mol/L)相当于 10.91 mg 的 $C_6H_{10}CaO_6$。

实例 9-2 葡萄糖酸锌的含量测定　取本品约 0.7 g,精密称定,加水 100 mL,微温使溶解,加氨氯化铵缓冲液(pH≈10.0)5 mL 与铬黑 T 指示剂少许,用乙二胺四乙酸二钠滴定液(0.05 mol/L)滴定至溶液由紫红色变为纯蓝色。每 1 mL 乙二胺四乙酸二钠滴定液(0.05 mol/L)相当于 22.78 mg 的 $C_{12}H_{22}O_{14}Zn$。

实例 9-3 枸橼酸铋钾的含量测定　取本品约 0.5 g,精密称定,加水 50 mL 溶解后,再加硝酸溶液(1→3)3 mL 与二甲酚橙指示液 2 滴,用乙二胺四乙酸二钠滴定液(0.05 mol/L)滴定至溶液显黄色。每 1 mL 乙二胺四乙酸二钠滴定液(0.05 mol/L)相当于 10.45 mg 的 Bi。

实例 9-4 复方氢氧化铝片中氢氧化铝的含量测定　取本品约 0.6 g,精密称定,加盐酸与水各 10 mL,煮沸溶解后,放冷,定量转移至 250 mL 容量瓶中,用水稀释至刻度,摇匀;精密量取 25 mL,加氨试液中和至恰好析出沉淀,再滴加稀盐酸至沉淀恰好溶解为止,加醋酸-醋酸铵缓冲液(pH＝6.0)10 mL,再精密加乙二胺四乙酸二钠滴定液(0.05 mol/L)25 mL,煮沸 3～5 min,放冷,加二甲酚橙指示液 1 mL,用锌滴定液(0.05 mol/L)滴定至溶液自黄色变为红色,并将滴定的结果用空白试验校正。每 1 mL 乙二胺四乙酸二钠滴定液(0.05 mol/L)相当于 3.900 mg 的 $Al(OH)_3$。

讨论互动

1. 上述分析实例中,采用的是哪一种分析方法? 供试品有什么共同点?

2. 实例 9-1 中,加入 NaOH 溶液的目的是什么?

3. 上述实例中,EDTA 滴定时溶液的酸度一样吗? 为什么?

4. 上述实例中,使用的指示剂是什么? 滴定至终点时,颜色如何变化?

5. 实例 9-4 采用的是哪一种滴定方式？为什么？

三、实例解析

实例 9-5 水的总硬度测定 用移液管准确量取水样 100.0 mL，置 250 mL 锥形瓶中，加三乙醇胺 5 mL、氨-氯化铵缓冲液(pH≈10)10 mL 和铬黑 T 指示剂少许，用 EDTA 滴定液(0.01 mol/L)滴定至溶液由酒红色变为纯蓝色，即为终点。

水的总硬度是指溶解于水中的钙离子、镁离子的总量，其含量越高，表示水的硬度越大。各国对水的硬度的表示方法不同，我国《生活饮用水卫生标准》规定，总硬度(以 $CaCO_3$ 计)不得超过 450 mg/L，这是用物质的质量浓度(单位：mg/L)表示的。目前，我国使用较多的表示方法还有物质的量浓度(单位：mol/L)。

测定水的总硬度，实际上就是测定水中溶解的钙离子、镁离子的总量，再把钙离子、镁离子的量折算成 $CaCO_3$ 或 CaO 的质量，以计算硬度。

除了对饮用水的总硬度有一定的要求之外，各种工业用水对水的总硬度也有不同的要求。因此，测定水的总硬度有很重要的实际意义。国内外规定的测定水的总硬度的标准分析方法是 EDTA 滴定法。

1. 测定方法

用移液管准确量取水样 100.0 mL，置于 250 mL 锥形瓶中，加三乙醇胺 5 mL，加氨-氯化铵缓冲液(pH≈10)10 mL、铬黑 T 指示剂少许，用 EDTA 滴定液(0.01 mol/L)滴定至溶液由酒红色变为纯蓝色，即为终点。

2. 测定原理

用 EDTA 滴定 Ca^{2+}、Mg^{2+} 的总量时，是在 pH≈10 的氨性缓冲溶液中，以铬黑 T 为指示剂，EDTA 和金属指示剂铬黑 T 分别与 Mg^{2+}、Ca^{2+} 形成配合物。相应的配合物的稳定性为：$CaY^{2-} > MgY^{2-} > MgIn^- > CaIn^-$。

当水样中加入少量的铬黑 T 指示剂时，它首先和 Mg^{2+} 生成红色配合物 $MgIn^-$，然后与 Ca^{2+} 生成红色配合物 $CaIn^-$。

滴定前的反应式为：

$$Mg^{2+} + HIn^{2-}(蓝) == H^+ + MgIn^-(红)$$

$$Ca^{2+} + HIn^{2-}(蓝) == H^+ + CaIn^-(红)$$

滴定中的反应式为：

$$Ca^{2+} + HY^{3-} == CaY^{2-} + H^+$$

$$Mg^{2+} + HY^{3-} == MgY^{2-} + H^+$$

滴定至终点时的反应式为：

$$CaIn^-(红) + HY^{3-} == CaY^{2-} + HIn^{2-}(蓝)$$

$$MgIn^-(红) + HY^{3-} == MgY^{2-} + HIn^{2-}(蓝)$$

滴定至终点时，指示剂游离出来，溶液由红色变为纯蓝色。此时，EDTA 消耗的体积记为 V(mL)，水的总硬度以 $CaCO_3$(mg/L)计，计算公式为：

$$水的硬度 = \frac{c_{EDTA} V_{EDTA} \times \frac{M_{CaCO_3}}{1\ 000}}{V_水} \times 10^6 \tag{9-7}$$

3. 水的硬度的表示方式

(1) $CaCO_3$(mg/L)：以水中所含 Ca^{2+}、Mg^{2+} 的总量相当于每升水中含 $CaCO_3$ 的毫克数表示。一般蒸汽锅炉的用水要求水的硬度在 5 mg/L 以下。

(2) 硬度：水中 Ca^{2+}、Mg^{2+} 的总量相当于每升水中含 10 mg CaO 时，水的硬度为 1 度。

4. 测定过程

水的总硬度的测定过程见表 9-6

表 9-6　水的总硬度的测定过程

分析过程	主要用品	操作内容
供试品溶液的制备	仪器：移液管、锥形瓶、量筒、托盘天平 试剂：三乙醇胺溶液(3→10)、45%的氢氧化钾溶液、钙紫红素指示剂	1. 用移液管精密量取水样 100 mL 于洁净的锥形瓶中 2. 加三乙醇胺 5 mL、氨-氯化铵缓冲液(pH≈10)10 mL、铬黑 T 指示剂少许
滴定液的准备	仪器：酸式滴定管 试剂：乙二胺四乙酸二钠滴定液	将标定好的乙二胺四乙酸二钠滴定液装入滴定管中，调节液面至零刻度
滴定		将滴定液滴加到锥形瓶中，至溶液由紫红色变为蓝色时停止滴定，记录
记录与计算	1. 量取水的体积：$V_{水_1}$ = _____ mL、$V_{水_2}$ = _____ mL、$V_{水_3}$ = _____ mL 2. 滴定记录：EDTA 滴定液的实际浓度 c = _____ mol/L 消耗的 EDTA 滴定液的体积 V_1 = _____ mL、V_2 = _____ mL、V_3 = _____ mL 3. 测定结果(以 $CaCO_3$ 计)：水的总硬度$_1$ = _____ mg/L、水的总硬度$_2$ = _____ mg/L、水的总硬度$_3$ = _____ mg/L	
结果与判定	1. 分析结果：精密度 = _____%、平均硬度(以 $CaCO_3$ 计) = _____ mg/L 2. 结论：(是/否)符合《生活饮用水卫生标准》规定	

5. 注意事项

(1) EDTA 滴定 Mg^{2+} 和 Ca^{2+} 的最低 pH 分别为 9.7 和 7.5，所以在 pH>9.7 的溶液中，两种离子与 EDTA 的配位反应才能完全，CaY 和 MgY 才能稳定存在。

(2) MgIn 呈酒红色，而游离的铬黑 T 指示剂在 pH=7~11 时呈蓝色，色差明显，终点容易观察。综合两种情况，该滴定反应适宜的 pH 为 10 左右。注意，pH 不宜太高，否则金属离子容易发生水解。所以加缓冲溶液的作用是调节溶液的 pH 为 10 左右，并控制整个滴定过程的 pH 不发生改变。

(3) 实验的取样量适用于总硬度(以 $CaCO_3$ 计)不大于 450 mg/L 的水样，若总硬度大于450 mg/L，应适当减少取样量。

(4) 暂时硬度较大的水样，加缓冲溶液后常析出 $CaCO_3$、$MgCO_3$ 沉淀，使终点不稳定，常出现"返回"现象，难以确定终点。遇此情况时，可在加缓冲溶液前，在溶液中加入一小块刚果红试纸，滴加稀酸至试纸变蓝色，振摇 2 min，然后依法操作。

1. 如果供试品是水，锥形瓶还需要用蒸馏水洗涤吗？

2. 测定水的硬度时,为什么加氨-氯化铵缓冲溶液?

任务六　EDTA 滴定法实训

实训十一　水的总硬度测定

一、实训任务

测定自来水的总硬度,提交实训报告。

二、实训目的

1. 掌握用配位滴定法测定水的硬度的原理和操作技能。

2. 学会控制滴定条件和用铬黑 T 指示剂指示终点的方法。

3. 熟练完成水的硬度的计算。

三、实训用品

1. 仪器:酸式滴定管、移液管(100 mL)、锥形瓶(250 mL)。

2. 试剂:EDTA 滴定液(0.01 mol/L)、铬黑 T 指示剂、氨-氯化铵缓冲液(pH≈10)。

四、实训内容

用移液管准确量取水样 100.0 mL,置于 250 mL 锥形瓶中,加氨-氯化铵缓冲液(pH≈10)10 mL、铬黑 T 指示剂少许,用 EDTA 滴定液(0.01 mol/L)滴定至溶液由酒红色变为纯蓝色,即为终点。平行测定 3 次。填写原始记录并附计算过程。

五、实训结果

已知 $V_{水}$＝100.00 mL,$c_{EDTA实际}$＝_____ mol/L。

将实训结果填入表 9-7 中。

表 9-7　水的总硬度测定结果

次数	V_{EDTA}/mL	硬度(以 $CaCO_3$ 计)/(mg·L^{-1})	平均硬度(以 $CaCO_3$ 计)/(mg·L^{-1})	$\overline{Rd}$
1				
2				
3				

六、实训思考

1. 测定水的总硬度时,为什么要使溶液的 pH≈10?

2. 为什么用铬黑 T 作指示剂?能不能用二甲酚橙作指示剂?为什么?

目标检测

一、选一选

1. 配位滴定法中配制滴定液使用的是(　　)。

　　A. EDTA　　　　　B. EDTA 六元酸　　C. EDTA 二钠盐　　D. EDTA 负四价离子

2. EDTA 在 pH>11 的溶液中的主要形式是(　　)。

　　A. H_4Y　　　　　B. H_2Y^{2-}　　　　　　C. H_6Y^{2+}　　　　　　D. Y^{4-}

3. Al_2O_3 与 EDTA 反应的计量关系是（   ）。

    A. 1∶1   B. 1∶2   C. 1∶3   D. 2∶1

4. EDTA 滴定法测定铝盐的含量时，不能直接滴定的原因是（   ）。

    A. 指示剂的封闭现象   B. 与 EDTA 反应速度慢

    C. Al^{3+} 水解   D. 铝盐溶解度小

5. EDTA 滴定法测定硫酸镁的含量时，若加入 HAc-NaAc 缓冲溶液，测定结果将
（   ）。

    A. 偏低   B. 偏高   C. 无影响   D. 无法判断

6. 配位滴定的酸度将影响（   ）。

    A. EDTA 的离解   B. 金属指示剂的电离

    C. 金属离子的水解   D. A+B+C

7. 不同的金属离子，稳定常数越大，最低 pH（   ）。

    A. 越大   B. 越小   C. 不变   D. 均不正确

8. EDTA 与金属离子刚好能生成稳定的配合物时的酸度称为（   ）。

    A. 最佳酸度   B. 最高酸度   C. 最低酸度   D. 水解酸度

9. 水的硬度是指溶解于水中的（   ）和（   ）的总和。

    A. 镁盐   B. 钾盐   C. 钙盐   D. 氯化物

10. 在 EDTA-2Na 的各种存在形式中，能直接与金属离子配合的是（   ）。

    A. H_4Y B. H_2Y^{2-} C. H_6Y^{2+} D. Y^{4-}

11. EDTA 滴定中，Fe^{3+}、Al^{3+} 对铬黑 T 有（   ）。

    A. 封闭作用   B. 僵化作用   C. 沉淀作用   D. 氧化作用

二、判一判

1. EDTA 与三价金属离子的配位比为 1∶3。   （   ）

2. 溶液的酸度越大，EDTA 的有效浓度越高。   （   ）

3. 金属离子与 EDTA 配合物的稳定常数越大，配合物越稳定。   （   ）

4. 《中国药典》规定，用基准氧化锌标定 EDTA 滴定液。   （   ）

5. 造成指示剂封闭的原因是指示剂本身不稳定。   （   ）

6. 金属指示剂的僵化现象是指滴定时终点没有出现。   （   ）

7. 提高配位滴定选择性的常用方法有控制溶液的酸度和利用掩蔽的方法。   （   ）

8. 利用铬黑 T 作指示剂，滴定至终点时，溶液的颜色由蓝色变为红色。   （   ）

9. 铬黑 T 指示剂在 pH=7~11 时使用，其目的是减少干扰离子的影响。   （   ）

10. 适当的 pH 是配位滴定的最重要条件。   （   ）

三、想一想

1. EDTA 与金属离子的配位反应具有哪些特点？

2. 配位滴定中，控制溶液的酸度必须考虑哪几方面的影响？

3. 金属指示剂须具备什么样的条件？

项目十 氧化还原滴定法

【知识目标】

1. 掌握氧化还原滴定法的滴定条件；高锰酸钾法、碘量法、亚硝酸钠法的测定原理，滴定条件，滴定液的配制、标定和计算。

2. 熟悉氧化还原反应的相关概念、氧化还原滴定法的分类及特点。

3. 了解氧化还原滴定法在药品检验中的应用。

【技能目标】

1. 会配制高锰酸钾滴定液、碘滴定液和亚硝酸钠滴定液。

2. 会按照《中国药典》规定用高锰酸钾法、碘量法、亚硝酸钠法进行药品的分析检验。

3. 会正确、规范地使用滴定分析仪器，记录测量数据，计算分析结果。

任务一 了解氧化还原滴定法

1. 什么是氧化还原滴定法？该法能解决哪一类物质的分析检验？

2. 氧化还原反应的特点是什么？滴定条件是什么？

氧化还原滴定法是以氧化还原反应为基础的一类滴定分析方法。氧化还原滴定法能直接测定具有氧化性或还原性的物质，还可以测定一些能与氧化剂或还原剂发生定量反应的本身无氧化还原性的物质。也就是说，它可测定无机化合物，也可测定有机化合物。

氧化还原反应的反应机理和过程比较复杂，反应速度较慢，且常伴有副反应发生，介质对反应过程有较大的影响。因此，在测定时，必须严格控制滴定反应条件，以保证滴定反应满足滴定分析法的要求。

一、氧化还原反应的基础知识

(一) 氧化反应和还原反应

氧化还原反应由氧化反应和还原反应两个半反应组成。例如，$Zn + Cu^{2+} \rightleftharpoons Zn^{2+} + Cu$

中,氧化反应(半反应)为失去电子的反应,可表示为:$Zn - 2e \longrightarrow Zn^{2+}$;还原反应(半反应)为得到电子的反应,可表示为 $Cu^{2+} + 2e \longrightarrow Cu$。

氧化还原反应中,氧化反应和还原反应同时存在、同时进行,共同组成氧化还原反应,故均称为半反应。

(二) 氧化剂和还原剂

氧化和还原反应中,氧化数高的物质称为氧化剂(或氧化型),用符号 OX 表示;氧化数低的物质称为还原剂(或还原型),用符号 Red 表示。

例如,氧化反应(半反应)$Zn - 2e \longrightarrow Zn^{2+}$ 中,Zn 为还原剂,Zn^{2+} 为氧化剂。

还原反应(半反应)$Cu^{2+} + 2e \longrightarrow Cu$ 中,Cu 为还原剂,Cu^{2+} 为氧化剂。

(三) 氧化还原电对

氧化或还原反应中的氧化剂和还原剂都是由具有不同氧化数的相同元素构成的物质组成,它们相互依存(即氧化剂得到电子的产物为还原剂,还原剂失去电子后的产物为氧化剂),同时存在,组成半反应。因此,把组成氧化或还原半反应的氧化剂和还原剂称为氧化还原电对。氧化还原反应是由两个氧化还原电对组成的反应系统。

氧化还原电对用符号 OX/Red 表示,如上例氧化反应中的氧化还原电对为 Zn^{2+}/Zn,还原反应中的氧化还原电对为 Cu^{2+}/Cu。

氧化还原电对根据半反应是否是可逆反应分为可逆电对和不可逆电对,如 Fe^{3+}/Fe^{2+} 为可逆电对,MnO_4^-/Mn^{2+} 为不可逆电对;根据半反应中氧化剂和还原剂的系数是否相等可分为对称电对和不对称电对。

(四) 氧化还原反应的实质

氧化还原反应是一个氧化还原电对中的还原剂失去电子和另一个氧化还原电对中的氧化剂得到电子的过程,即电子在两个氧化还原电对之间转移的过程,如下式所示。

$$\overset{\overset{\displaystyle -ne}{\longrightarrow}}{Red_1 + OX_2 \Longleftrightarrow OX_1 + Red_2}$$

(五) 电极电位和标准电极电位

1. 电极电位

由氧化还原反应的实质是两个氧化还原电对之间电子的转移可知,氧化还原反应相当于电子在两个具有不同电位的电极之间的移动。每个电极均由一个氧化还原电对组成,故半反应也称为电极反应。每个电极上均具有一定的电位。氧化还原电对组成的电极的电位称为电极电位,用符号 $\varphi_{OX/Red}$ 表示。

电极电位的高低可以用来衡量组成电极的氧化还原电对中氧化剂和还原剂的反应能力。氧化还原电对的电极电位越高,其氧化剂得到电子的能力越强,即氧化剂的反应能力越强;反之,其还原剂失去电子的能力越弱,即还原剂的反应能力越弱。氧化还原电对的电极电位越低,其还原剂失去电子的能力越强,即还原剂的反应能力越强;反之,其氧化剂得到电子的能力越弱,即氧化剂的反应能力越弱。

2. 标准电极电位

电极有无数个状态,无法一一测定,不便于比较。因此规定,温度为 298.15 K,所有液

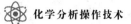

态作用物的活度为 1 mol/L,所有气体作用物的分压为 101.33 kPa 时的电极电位称为标准电极电位,用 $\varphi^{\ominus}_{OX/Red}$ 表示。

氧化还原电对的标准电极电位为一常数,它的大小仅与电对的性质及温度有关。常用的氧化还原电对的标准电极电位可查表得知。一般情况下,各氧化还原电对的电极电位值按照由小到大的顺序排列。

(六)能斯特(Nernst)方程

在任意状态下,某个氧化还原电对的电极电位值可根据能斯特方程式求得。为统一起见,一个可逆氧化还原反应的半反应均用还原反应表示,反应通式为:

$$OX + ne \Longrightarrow Red$$

它的电极电位用能斯特方程表示为:

$$\varphi_{OX/Red} = \varphi^{\ominus}_{OX/Red} + \frac{RT}{nF}\ln\frac{a_{OX}}{a_{Red}} \tag{10-1}$$

当温度为 298.15 K 时,将常数代入上式,并将自然对数换算为常用对数,得到能斯特方程的常用表达式:

$$\varphi_{OX/Red} = \varphi^{\ominus}_{OX/Red} + \frac{0.059}{n}\lg\frac{a_{OX}}{a_{Red}} \tag{10-2}$$

(七)氧化还原反应进行的方向

对于两个氧化还原电对 OX_1/Red_1 和 OX_2/Red_2,若 $\varphi^{\ominus'}_{OX_1/Red_1} > \varphi^{\ominus'}_{OX_2/Red_2}$,则发生的氧化还原反应为:

$$n_2 OX_1 + n_1 Red_2 \Longrightarrow n_2 Red_1 + n_1 OX_2$$

也就是说,氧化还原反应总是由电极电位值大的电对中的氧化剂和电极电位值小的电对中的还原剂反应,向生成电极电位值大的电对中的还原剂和电极电位值小的电对中的氧化剂的方向进行。例如,在 1 mol/L 的 H_2SO_4 溶液中,电对 Fe^{3+}/Fe^{2+} 的电极反应为:

$$Fe^{3+} + e \Longrightarrow Fe^{2+} \qquad \varphi^{\ominus'}_{Fe^{3+}/Fe^{2+}} = 0.68 \text{ V}$$

电对 Ce^{4+}/Ce^{3+} 的电极反应为:

$$Ce^{4+} + e \Longrightarrow Ce^{3+} \qquad \varphi^{\ominus'}_{Ce^{4+}/Ce^{3+}} = 1.44 \text{ V}$$

两电对发生的氧化还原反应为:

$$Ce^{4+} + Fe^{2+} \Longrightarrow Ce^{3+} + Fe^{3+}$$

当外界条件改变时,电对的电极电位会随之发生变化,氧化还原反应的方向可能会发生改变。

二、氧化还原滴定法的滴定条件

(一)氧化还原反应进行的程度

氧化还原反应进行的完全程度可以用反应的条件平衡常数来衡量,而条件平衡常数的大小取决于两氧化还原电对的条件电极电位之差。可以推导出,若两电对的 $\Delta\varphi^{\ominus'} \geqslant 0.35$ V,则该氧化还原反应进行完全的程度就能满足滴定分析的要求。

在氧化还原滴定分析中,可通过选择滴定液、控制滴定反应条件等来改变电对的条件电极电位,以满足滴定分析的要求,减少副反应,提高测定的准确度。

（二）氧化还原反应的速度

氧化还原反应的条件平衡常数和两电对的条件电极电位的差值可衡量氧化还原反应进行的程度,但不能说明氧化还原反应的速度。有许多氧化还原反应从平衡常数和两电对的条件电极电位的差值来看可以进行完全,但由于反应速度太慢而不能用于滴定。

氧化还原反应的速度首先取决于反应物本身的性质,此外影响因素主要有浓度、温度、催化剂等。因此,可以通过下述方法来提高反应速度。

1. 浓度

根据质量作用定律,增加反应物的浓度能加快反应速度。对于有 H^+ 或 OH^- 参与的氧化还原反应,溶液的酸度也对反应速度产生影响。例如, $K_2Cr_2O_7$ 在酸性溶液中氧化 I^- 的反应为:

$$Cr_2O_7^{2-} + 6I^- + 14H^+ \rightleftharpoons 2Cr^{3+} + 3I_2 + 7H_2O$$

增加 I^- 和 H^+ 的浓度,可使反应的速度加快。

2. 温度

升高温度可以提高反应速度。一般情况下,温度每升高 10 ℃,反应速度增加 2～4 倍,所以有些氧化还原反应需要在加热的条件下进行。例如,用 $KMnO_4$ 滴定 $H_2C_2O_4$ 的反应为:

$$2MnO_4^- + 5C_2O_4^{2-} + 16H^+ \rightleftharpoons 2Mn^{2+} + 10CO_2\uparrow + 8H_2O$$

该反应在室温下反应较慢,若加热到 75～85 ℃,反应速度明显提高。

3. 催化剂

加入催化剂是提高反应速度的有效方法。例如,用 $KMnO_4$ 滴定 $H_2C_2O_4$ 时,可在滴定前加入 Mn^{2+} 作催化剂,使反应速度加快。此反应也可不另加催化剂,因其反应能生成 Mn^{2+} 而加速反应。这种由反应产物起催化作用的反应称为自动催化反应。

（三）指示终点的方法

在氧化还原滴定法中,常用的指示剂有以下几种类型:

1. 自身指示剂

有些标准溶液或滴定物质自身有颜色,在发生氧化还原反应后变成无色或浅色物质,滴定时不必另加指示剂,可用自身颜色变化来指示滴定终点,这类溶液称为自身指示剂。例如, MnO_4^- 本身显紫红色,其还原产物 Mn^{2+} 几乎无色,所以在用 $KMnO_4$ 滴定无色或浅色还原剂时,到达化学计量点时,稍微过量的 MnO_4^- 使溶液显粉红色。

2. 特殊指示剂

有些物质本身不具有氧化还原性质,但能与氧化剂或还原剂作用产生特殊颜色的物质,从而指示滴定终点,这类指示剂称为特殊指示剂。例如,淀粉指示剂、可溶性淀粉能与 I_3^- 生成特殊的蓝色物质,所以碘量法常用淀粉溶液作指示剂,通过蓝色的出现或消失指示终点。

3. 氧化还原指示剂

一些物质本身具有氧化还原性,其氧化态和还原态具有不同的颜色,在化学计量点附近时因被氧化或还原,其结构发生改变,从而引起颜色的变化以指示滴定终点,这类物质称为氧化还原指示剂。例如,用 $K_2Cr_2O_7$ 滴定液滴定 Fe^{2+} 时,常用二苯胺磺酸钠作指示剂。该指示剂还原态颜色为无色,氧化态颜色为紫红色,当 $K_2Cr_2O_7$ 滴定 Fe^{2+} 至化学计量点后,稍

过量的 $K_2Cr_2O_7$ 会将二苯胺磺酸钠还原态氧化为氧化态,使溶液颜色由无色变为紫红色,从而指示滴定终点。

在选择这类指示剂时要注意,氧化还原指示剂本身也要消耗一定量的滴定液。当滴定液的浓度较大时,对分析结果的影响可忽略不计,但在较精确的测定或用较稀的滴定液(浓度小于 0.01 mol/L)进行测定时,需要做空白试验以校正指示剂误差。

4. 外指示剂

指示剂不直接加入被滴定的溶液中,而是在化学计量点附近用玻璃棒蘸取少许反应液,在外面与指示剂接触并观察是否变色来指示终点,这类指示剂称为外指示剂。外指示剂常制成试纸或糊状使用。例如,亚硝酸钠法常用的外指示剂是淀粉-碘化钾试纸,当滴定至化学计量点附近时,用玻璃棒蘸取少许反应液于试纸上,稍过量的亚硝酸钠在酸性条件下将试纸上的碘化钾氧化为单质碘,单质碘遇淀粉显蓝色。

三、氧化还原滴定法的分类

在氧化还原滴定中,习惯上根据所用滴定液的名称进行分类。按照氧化滴定液的名称不同,氧化还原滴定法分为高锰酸钾法、碘量法、亚硝酸钠法、铈量法、重铬酸钾法、溴量法等。下面主要介绍前三种。

任务二　高锰酸钾法

一、高锰酸钾法的测定原理

(一)滴定反应

高锰酸钾法是以高锰酸钾为滴定液的氧化还原滴定法。其中,高锰酸钾作为氧化剂,在滴定反应中的半反应为:

$$MnO_4^- + 8H^+ + 5e \Longleftrightarrow Mn^{2+} + 4H_2O \qquad \varphi^{\ominus}_{MnO_4^-/Mn^{2+}} = +1.51 \text{ V}$$

在强酸性条件下,氧化剂 MnO_4^- 具有较高的氧化能力,可以直接滴定电极电位较低的电对中的还原剂。

(二)滴定终点的确定

高锰酸钾滴定液本身为紫红色,用它滴定无色或浅色溶液时,一般不需另加指示剂。例如,用 0.1 mol/L 的高锰酸钾滴定液滴定 100 mL 被测溶液时,在未到达化学计量点之前,高锰酸钾的紫红色随滴入随褪去。反应完全后,过量的半滴 $KMnO_4$ 溶液就能使整个溶液变成淡红色,表示滴定终点已经到达。这种以滴定液本身的颜色引起溶液颜色变化而指示终点的方法,称为自身指示剂法。

二、高锰酸钾法的滴定条件

(一)溶液的酸度

1. 溶液的酸度一般控制在 0.5~1 mol/L

酸度过高,会导致 $KMnO_4$ 分解。在微酸性、中性或弱碱性溶液中,$KMnO_4$ 的半反应为:

$$MnO_4^- + H_2O + 3e \Longrightarrow MnO_2 + 4OH^- \qquad \varphi^o_{MnO_4^-/MnO_2} = +0.59 \text{ V}$$

MnO_4^- 的氧化能力降低,反应进行程度不完全,且产物 MnO_2 为棕褐色,不溶于水,影响滴定终点的判断。

在强碱性溶液中,$KMnO_4$ 的半反应为:

$$MnO_4^- + e \Longrightarrow MnO_4^{2-} \qquad \varphi^o_{MnO_4^-/MnO_4^{2-}} = +0.56 \text{ V}$$

此时,MnO_4^- 的氧化能力最低,且产物 MnO_4^{2-} 为绿色,影响滴定终点的判断。

2. 溶液的酸度调节以硫酸为宜

硝酸有氧化性,盐酸有还原性,容易发生副反应,故宜选用硫酸。

(二)滴定反应速度

高锰酸钾在常温下反应较慢,为加快其反应速度,可在滴定时采取以下措施:

1. 加热

加热可以加快反应速度,但在空气中易氧化或加热易分解的还原性物质,如亚铁盐、过氧化氢等则不能加热。

2. 催化剂

(1)加催化剂。

加入 Mn^{2+} 作催化剂。

(2)自动催化。

用高锰酸钾滴定还原性物质时,即使在加热的情况下,滴定之初反应也较慢,但随着滴定液的加入,反应逐渐加快。这是因为随着滴定液的不断加入,生成的 Mn^{2+} 不断增加,Mn^{2+} 在反应中起催化作用,加快了反应速度。这种由反应过程中自身产生的物质具有催化作用引起的催化现象,称为自动催化现象。

3. 快速滴定

快速滴定是在滴定终点前快速加入大部分滴定液与被测组分反应,然后再缓缓滴定至终点的滴定方法。快速滴定可提高反应物的浓度,加快反应速度。

三、高锰酸钾滴定液

(一)《中国药典》规定

【配制】取高锰酸钾 3.2 g,加水 1 000 mL,煮沸 15 min,密塞,静置 2 日以上,用垂熔玻璃滤器滤过,摇匀。

【标定】取在 105 ℃ 干燥至恒重的基准草酸钠约 0.2 g,精密称定,加新沸过的冷水250 mL 与硫酸 10 mL,搅拌使溶解,自滴定管中迅速加入本液约 25 mL(边加边搅拌,以避免产生沉淀),待褪色后,加热至 65 ℃,继续滴定至溶液显微红色并保持 30 s 钟不褪;当滴定结束时,溶液温度应不低于 55 ℃。每 1 mL 高锰酸钾滴定液(0.02 mol/L)相当于 6.70 mg的草酸钠。根据本液的消耗量与草酸钠的取用量,算出本液的浓度,即得。

【贮藏】置玻璃塞的棕色玻璃瓶中,密闭保存。

(二)高锰酸钾滴定液的配制

1. 配制方法

由于高锰酸钾试剂常含有 MnO_2 等杂质,因此,高锰酸钾滴定液采用间接配制法。

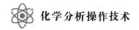

2. 配制注意事项

蒸馏水中常含有少量的还原性杂质,且还原产物 MnO_2 有催化作用,能加速 $KMnO_4$ 的分解。故在配制时,将 $KMnO_4$ 溶液煮沸,使 $KMnO_4$ 与还原性杂质快速完全反应,并用垂熔滤器滤除还原产物 MnO_2,以免在贮藏过程中其浓度发生改变。

(三)高锰酸钾滴定液的标定

1. 基准物质

标定高锰酸钾滴定液常用的基准物质有草酸($H_2C_2O_4 \cdot 2H_2O$)、草酸钠($Na_2C_2O_4$)、三氧化二砷(As_2O_3)、硫酸亚铁铵[$(NH_4)_2Fe(SO_4)_2 \cdot 6H_2O$]和纯铁丝等。其中,草酸钠不含结晶水、吸湿性小、热稳定性好、易精制,故最为常用。

2. 标定的原理

(1)标定反应。

标定的反应式为:

$$5C_2O_4^{2-} + 2MnO_4^- + 16H^+ \Longrightarrow 2Mn^{2+} + 10CO_2\uparrow + 8H_2O$$

(2)标定结果。

根据称取草酸钠的质量和终点时消耗滴定液的体积,即可计算出滴定液的准确浓度。计算公式为:

$$c_{KMnO_4} = \frac{2}{5} \times \frac{m_{Na_2C_2O_2}}{M_{Na_2C_2O_2}V_{终点}} \tag{10-3}$$

3. 标定的条件

(1)温度。

室温下,标定反应的速度较慢,接近终点时,因反应物的浓度很低,反应速度更为缓慢。故《中国药典》采用一次快速加入大部分 $KMnO_4$ 滴定液后,将溶液加热至 65 ℃,以提高反应速度。温度低于 55 ℃时,反应速度太慢;温度超过 90 ℃时,会使 $C_2O_4^{2-}$ 部分分解,导致标定的 $KMnO_4$ 滴定液浓度偏高。

(2)溶液的酸度。

溶液的酸度应适当。酸度不足,易生成 MnO_2 沉淀;酸度过高,会引起 NaC_2O_4 分解。

(3)滴定的速度。

为提高反应速度,首先快速滴定,加入大部分滴定液,然后由于反应产物 Mn^{2+} 的自动催化和加热溶液,滴定的速度可适当加快,但不宜过快,否则 $KMnO_4$ 在热的酸性溶液中发生分解。近滴定终点时,溶液中 $C_2O_4^{2-}$ 的浓度已很低,应小心滴定,以免影响标定的精确度。

(4)滴定终点的判断。

$KMnO_4$ 可作为自身指示剂。因空气中的还原性气体和尘埃均能使 $KMnO_4$ 缓慢分解而褪色,故滴定至溶液显微红色并保持 30 s 不褪即为终点。

(四)高锰酸钾滴定液的贮藏

由于热、光、酸或碱能促使 $KMnO_4$ 分解和 $KMnO_4$ 的强氧化性,所以在贮藏 $KMnO_4$ 滴定液时,应避光、隔绝空气、不使用橡胶塞,采用玻璃塞的棕色玻璃瓶密闭保存。

四、高锰酸钾法在药品检验中的应用

高锰酸钾法应用广泛。在酸性溶液中,高锰酸钾法可以通过直接滴定的方式测定许多的还原性物质,如 $C_2O_4^{2-}$、H_2O_2、Fe^{2+}、NO_2^- 等;结合 NaC_2O_4 滴定液或 $FeSO_4$ 滴定液,通过高锰酸钾法返滴定的方式,可以测定一些强氧化性物质,如 ClO_3^-、CrO_4^{2-}、BrO_3^-、IO_3^-、$S_2O_8^{2-}$、MnO_4^-、PbO_2 等;采用高锰酸钾法间接滴定的方式,还可测定一些非氧化还原性物质,如 Ca^{2+} 等。

(一) 硫酸亚铁的含量测定

实例 10-1 硫酸亚铁的含量测定　取本品约 0.5 g,精密称定,加稀硫酸与新沸过的冷水各 15 mL,溶解后,立即用高锰酸钾滴定液(0.02 mol/L)滴定至溶液显持续的粉红色。每 1 mL 高锰酸钾滴定液(0.02 mol/L)相当于 27.80 mg 的 $FeSO_4 \cdot 7H_2O$。本品含 $FeSO_4 \cdot 7H_2O$ 应为 98.5%~104.0%。

1. 硫酸亚铁的含量测定原理

硫酸亚铁与反应产物组成的氧化还原电对的电极电位 $\varphi^\ominus_{Fe^{3+}/Fe^{2+}} = +0.771$ V,具有还原性,可以用高锰酸钾直接滴定。滴定反应为:

$$5Fe^{2+} + MnO_4^- + 8H^+ \Longrightarrow 5Fe^{3+} + Mn^{2+} + 4H_2O$$

滴定终点时,可以利用滴定液本身的颜色来确定。根据终点时消耗的 $KMnO_4$ 滴定液的体积和浓度,即可计算出的硫酸亚铁的含量。计算公式为:

$$FeSO_4 \cdot 7H_2O \text{ 的含量}(\%) = \frac{F \times T_{KMnO_4(0.02)/FeSO_4 \cdot 7H_2O} \times V_{终点}}{m_s} \times 100\% \qquad (10\text{-}4)$$

加入稀硫酸的作用:提高高锰酸钾的氧化能力,使反应进行完全;防止 Fe^{2+} 水解。使用新沸过的冷水的目的是消除水中溶解氧的干扰。

2. 硫酸亚铁的含量测定操作。

硫酸亚铁的含量测定操作见表 10-1。

表 10-1　硫酸亚铁的含量测定操作

分析过程	主要用品	操作内容
供试品溶液的制备	仪器:分析天平、称量瓶、锥形瓶、量筒 试剂:稀硫酸	1. 用减重法精密称取 3 份供试品,分别置于洁净的锥形瓶内并记录 2. 用量筒量取稀硫酸与新沸过的冷水各 15 mL,分别置于 3 个锥形瓶中
滴定液的准备	仪器:酸式滴定管(棕色) 试剂:高锰酸钾滴定液(0.02 mol/L)	将高锰酸钾滴定液盛于酸式滴定管中,调节至零刻度
滴定		1. 滴定至溶液由无色变为粉红色 2. 读取消耗的滴定液的体积

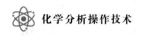

分析过程	主要用品	操作内容
记录与计算	1. 供试品的信息:供试品的名称_____、规格_____、生产批号_____、生产厂家_____ 2. 供试品的称量:$m_{s_1}=$_____ g、$m_{s_2}=$_____ g、$m_{s_3}=$_____ g 3. 滴定记录:高锰酸钾滴定液的实际浓度 $c=$_____ mol/L 消耗滴定液的体积 $V_1=$_____ mL、$V_2=$_____ mL、$V_3=$_____ mL、$V_0=$_____ mL 4. 含量的测定结果:含量$_1=$_____%、含量$_2=$_____%、含量$_3=$_____%	
结果与判定	1. 分析结果:精密度=_____%、平均含量=_____% 2. 结论:本品按《中国药典》二部检验,硫酸亚铁的含量符合(不符合)《中国药典》的规定	

(二) 灭菌注射用水中的易氧化物检查

实例 10-2 灭菌注射用水中的易氧化物检查　取本品 100 mL,加稀硫酸 10 mL,煮沸后,加高锰酸钾滴定液(0.02 mol/L)10 mL,再煮沸 10 min,粉红色不得完全消失。

 讨论互动

1. 实例 10-2 中使用的指示剂是什么?
2. 加稀硫酸的作用是什么?
3. 为什么要煮沸 10 min?

 知识链接

化学需氧量

化学需氧量(Chemical Oxygen Demand),简称 COD,是指用化学氧化剂氧化水中需氧污染物质时所消耗的氧量,主要反映水体受有机物污染的程度。COD 数值越大,说明水体受污染越严重。在河流污染和工业废水性质的研究以及废水处理厂的运行管理中,它是一个重要的且能较快测定的有机物污染参数。

一般测量化学需氧量所用的氧化剂为高锰酸钾或重铬酸钾,使用不同的氧化剂得出的数值也不同,因此,需要注明检测方法。

高锰酸钾($KMnO_4$)法的氧化率较低,但比较简便,适用于测定地表水和地下水水样。高锰酸钾法的原理:在水样中加入硫酸使呈酸性后,加入一定量的高锰酸钾溶液,并在沸水浴中加热反应一定的时间,剩余的高锰酸钾用过量的草酸钠溶液还原,再用高锰酸钾溶液回滴过量的草酸钠,通过计算求出 COD 的值。

重铬酸钾($K_2Cr_2O_7$)法(也称为回流法)的氧化率高,再现性好,适用于工业废水中有机物的总量监测。重铬酸钾法的测定原理:在水样中加入一定量的重铬酸钾和催化剂硫酸银,在强酸性介质中加热回流一定的时间,部分重铬酸钾被水样中的可氧化物质还原,再用硫酸亚铁铵滴定剩余的重铬酸钾,根据消耗的重铬酸钾的量计算出 COD 的值。

任务三 碘量法

碘量法是利用 I_2 的氧化性或 I^- 的还原性进行测定的的氧化还原滴定法。碘量法的半反应为：

$$I_2 + 2e \rightleftharpoons 2I^- \qquad \varphi^{\circ}_{I_2/I^-} = +0.534\ 5\ V$$

由氧化还原电对 I_2/I^- 的标准电极电位可知，I_2 是中等强度的氧化剂，能与较强的还原剂定量反应；I^- 是中等强度的还原剂，能与许多强氧化剂定量反应生成 I_2。因此，碘量法可采用不同的滴定方式测定还原性物质和氧化性物质。碘量法分为直接碘量法和间接碘量法。

一、直接碘量法

用碘滴定液以直接滴定的方式测定电极电位比 $\varphi^{\circ}_{I_2/I^-}$ 低的氧化还原电对中还原剂（如 SO_3^{2-}、$S_2O_3^{2-}$、巯基化合物、维生素 C 等）的碘量法称为直接碘量法或碘滴定法。

（一）直接碘量法的测定原理

直接碘量法的分析依据是到达化学计量点时，碘滴定液和被测组分还原剂的物质的量之比等于滴定反应反应方程式中两者的系数之比。其滴定终点的确定有两种方式：

1. 自身指示剂

由于在 100 mL 水中 1 滴碘滴定液（0.05 mol/L）就能显示辨别的黄色，因此，碘滴定液可作为自身指示剂。例如，乙酰半胱氨酸的含量测定（实例 10-3）。

2. 淀粉指示剂

直接碘量法使用最多的是淀粉指示剂。在 I^- 存在时，淀粉能吸附 I_2 生成深蓝色的化合物，反应可逆且非常灵敏，如 I_2 的浓度为 $10^{-6} \sim 10^{-5}$ mol/L 时，即显蓝色。化学计量点前，加入的 I_2 滴定液与被测还原剂完全反应；化学计量点后，稍过量的 I_2 滴定液与淀粉指示剂作用，溶液呈现蓝色，指示滴定终点的到达。例如，维生素 C 的含量测定（实例 10-4）。

在酸度不高的情况下，淀粉指示剂应在滴定前就加入供试品溶液中，以蓝色出现为滴定终点。

（二）直接碘量法的滴定条件

一般情况下，直接碘量法通常在酸性、中性或弱碱性溶液中进行。如果 pH>9，将会发生以下副反应：

$$3I_2 + 6OH^- \rightleftharpoons IO_3^- + 5I^- + 3H_2O$$

当用直接碘量法测定硫代硫酸钠的含量时，需在中性或弱酸性溶液中进行。因为在碱性溶液中，除 I_2 与 OH^- 反应生成 IO_3^- 外，I_2 和 $S_2O_3^{2-}$ 还将会发生以下副反应：

$$S_2O_3^{2-} + 4I_2 + 10OH^- \rightleftharpoons 2SO_4^{2-} + 8I^- + 5H_2O$$

在强酸性溶液中，$Na_2S_2O_3$ 溶液会发生分解：

$$S_2O_3^{2-} + 2H^+ \rightleftharpoons SO_2 \uparrow + S \downarrow + H_2O$$

在中性或弱酸性溶液中，$Na_2S_2O_3$ 和 I_2 的滴定反应如下：

$$2Na_2S_2O_3 + I_2 \rightleftharpoons Na_2S_4O_6 + 2NaI$$

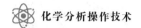

到达滴定终点时,根据消耗的碘滴定液的体积和浓度,即可计算出硫代硫酸钠的含量。

二、间接碘量法

间接碘量法分为置换碘量法和剩余碘量法。间接碘量法分两个阶段:反应阶段和滴定阶段。因其滴定阶段是用硫代硫酸钠滴定碘,间接碘量法又称滴定碘法。反应式为:

$$2S_2O_3^{2-} + I_2 = S_4O_6^{2-} + 2I^-$$

(一)方法原理

1. 置换碘量法

利用 I^- 的还原性,许多电极电位比 $\varphi^\circ_{I_2/I^-}$ 高的氧化还原电对中氧化剂(如 IO_3^-、BrO_3^-、$Cr_2O_7^{2-}$、Cu^{2+} 等)可与 I^- 反应,定量置换出 I_2,然后用硫代硫酸钠滴定液滴定置换出 I_2,这种方法称为置换碘量法。

滴定终点时,根据 I_2 与 $Na_2S_2O_3$ 的物质的量关系,由消耗滴定液的物质的量算出 I_2 的物质的量,然后再根据被测组分与 I_2 的物质的量关系,算出被测组分的物质的量。

2. 剩余碘量法

对于一些电极电位比 $\varphi^\circ_{I_2/I^-}$ 低的氧化还原电对中的还原剂,若与 I_2 的反应速度较慢或可溶性差(如焦亚硫酸钠、葡萄糖等)或可与 I_2 生成难溶沉淀(如咖啡因)或可发生取代反应(如安乃近),则不能直接滴定,可先加入定量且过量的 I_2 滴定液使与其完全反应,再用硫代硫酸钠滴定液滴定剩余的碘滴定液,这种方法称为剩余碘量法。

滴定终点时,根据 I_2 与 $Na_2S_2O_3$ 的物质的量关系,由消耗滴定液的物质的量算出 I_2 的物质的量,然后再根据被测组分与 I_2 的物质的量关系,算出被测组分的物质的量。

3. 滴定终点的确定

间接碘量法使用淀粉指示剂来指示滴定终点的到达。化学计量点前,因溶液中有 I_2 存在,故 I_2 与加入的淀粉指示剂作用,溶液呈蓝色。到达化学计量点时,I_2 与 $Na_2S_2O_3$ 滴定液完全反应,溶液的蓝色消失。为防止滴定前溶液中的大量碘被淀粉牢固吸附,应在滴定至近终点时,再加入淀粉指示剂。

(二)滴定条件

1. 置换碘的反应条件

(1)溶液的酸度。

IO_3^-、BrO_3^-、$Cr_2O_7^{2-}$ 等含氧酸盐与 I^- 反应时,H^+ 参与反应,为使反应进行完全和提高反应速度,一般控制溶液的酸度在为 1 mol/L 左右。但在用 $Na_2S_2O_3$ 滴定 I_2 之前,应将溶液的酸度降低到 0.2 mol/L 左右,以防止 $Na_2S_2O_3$ 在强酸性溶液中发生分解。

(2)加入过量的 KI。

加入过量的 KI,通常大于理论量的 2~3 倍,这样既可以提高 I^- 的还原能力和反应速度,又能使置换出的 I_2 与 I^- 形成 I_3^-,防止 I_2 的挥发。

(3)室温且密闭。

使用碘量瓶作为反应容器并用水密封,在室温下进行反应,以防止 I_2 的挥发和 I^- 被空气中的 O_2 氧化。

（4）避光静置。

由于光线照射能加速酸性溶液中的 I^- 被空气氧化,所以应放在暗处反应。因反应速度较慢,因此,需放置一段时间以使反应完全。

2. 滴定 I_2 的条件

（1）溶液的酸度。

滴定 I_2 时,应在弱酸性或中性条件下滴定。因此,在用 $Na_2S_2O_3$ 滴定 I_2 之前,应加水稀释,将溶液的酸度降低到 0.2 mol/L 左右,以防止 $Na_2S_2O_3$ 在强酸性溶液中发生分解。

（2）淀粉指示液在近终点时加入。

淀粉指示液若加入太早,I_2 和淀粉吸附太牢,终点时蓝色不易褪去,使终点推迟。

（3）滴定的初始阶段。

应快滴慢摇,以减少 I_2 的挥发。

3. 注意事项

置换出的 I_2 挥发和溶液中的 I^- 被空气中的氧气氧化是置换碘量法测定误差的主要来源。防止 I_2 挥发的方法:① 加入过量的 KI;② 在室温下进行反应;③ 使用碘量瓶作为反应容器;④ 在滴定的初始阶段快滴慢摇。防止溶液中的 I^- 被空气中的氧气氧化的方法:① 避光、密塞;② 反应完全后立即滴定;③ 在滴定初始阶段快滴慢摇。

讨论互动

直接碘量法和间接碘量法有何异同?

实例 10-3 乙酰半胱氨酸的含量测定 取本品约 0.3 g,精密称定,加水 30 mL 溶解后,在 20~25 ℃下用碘滴定液(0.05 mol/L)迅速滴定至溶液呈微黄色,并在 30 s 内不褪。每 1 mL 碘滴定液(0.05 mol/L)相当于 16.32 mg 的 $C_5H_9NO_3S$。

讨论互动

1. 实例 10-3 采用的哪种碘量法?

2. 指示终点的方法是什么?

3. 为什么要在 20~25 ℃下迅速滴定?

三、碘量法的滴定液

（一）硫代硫酸钠滴定液

1. 《中国药典》规定

【配制】取硫代硫酸钠 26 g 与无水碳酸钠 0.20 g,加新沸过的冷水适量使溶解成 1 000 mL,摇匀,放置一个月后滤过。

【标定】取在 120 ℃干燥至恒重的基准重铬酸钾 0.15 g,精密称定,置碘量瓶中,加水 50 mL 使溶解,加碘化钾 2.0 g,轻轻振摇使溶解,加稀硫酸 40 mL,摇匀,密塞;在暗处放置 10 min 后,加水 250 mL 稀释,用本液滴定至近终点时,加淀粉指示液 3 mL,继续滴定至蓝色消失而显亮绿色,并将滴定的结果用空白试验校正。每 1 mL 硫代硫酸钠滴定液 (0.1 mol/L)相当于 4.903 mg 的重铬酸钾。根据本液的消耗量与重铬酸钾的取用量,算出本液的浓度,即得。

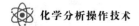
2. 硫代硫酸钠滴定液的配制解析

结晶硫代硫酸钠($Na_2S_2O_3 \cdot 5H_2O$)易风化或潮解,且含有少量的 S、S^{2-}、SO_3^{2-}、Cl^-、CO_3^{2-} 等杂质,因此,不能直接配制硫代硫酸钠滴定液。此外,硫代硫酸钠溶液不稳定,其原因如下。

(1) 与溶解在水中的 CO_2 作用。反应式为:

$$Na_2S_2O_3 + CO_2 + H_2O \Longrightarrow NaHCO_3 + NaHSO_3 + S\downarrow$$

(2) 与水中溶解的 O_2 作用。反应式为:

$$2Na_2S_2O_3 + O_2 \Longrightarrow 2Na_2SO_4 + 2S\downarrow$$

(3) 与水中存在的嗜硫菌等微生物的作用。反应式为:

$$Na_2S_2O_3 + O_2 \xrightarrow{\text{微生物}} Na_2SO_3 + S\downarrow$$

因此,配制硫代硫酸钠溶液时,应使用新煮沸、放冷的蒸馏水,以除去水中的 CO_2 和 O_2,并杀死嗜硫细菌;加入少量的碳酸钠,使溶液呈微碱性($pH = 9\sim10$),既可抑制嗜硫细菌的生长,又可防止硫代硫酸钠的分解。

3. 硫代硫酸钠滴定液的标定解析

硫代硫酸钠滴定液采用基准物质标定法进行标定。标定硫代硫酸钠滴定液的基准物质有 $K_2Cr_2O_7$、KIO_3、$KBrO_3$、$K_3[Fe(CN)_6]$ 等,其中 $K_2Cr_2O_7$ 最为常用。

(1) 标定原理。

标定硫代硫酸钠滴定液的原理为置换碘量法。其反应式为:

$$Cr_2O_7^{2-} + 6I^- + 14H^+ \Longrightarrow 2Cr^{3+} + 3I_2 + 7H_2O \qquad \text{(置换碘的反应)}$$
$$2S_2O_3^{2-} + I_2 \Longrightarrow S_4O_6^{2-} + 2I^- \qquad \text{(滴定碘的反应)}$$

计算公式为:

$$c_{Na_2S_2O_3} = \frac{6 \times m_{K_2Cr_2O_7}}{M_{K_2Cr_2O_7} V_{\text{终点}}} \qquad (10\text{-}5)$$

(2) 标定条件。

置换碘的反应阶段:

讨论互动

$Cr_2O_7^{2-}$ 与 I^- 的反应速度较慢,为加快其反应速度及防止碘挥发,在置换碘的反应阶段,应采取哪些措施?

滴定碘的反应阶段:

① 用 $Na_2S_2O_3$ 滴定液滴定前,应将溶液稀释,这样既可防止 $Na_2S_2O_3$ 分解,减慢 I^- 被空气氧化的速度,又可降低 Cr^{3+} 的浓度,便于终点观察。

② 应滴定至近终点、溶液呈浅黄绿色时,加入淀粉指示剂,防止大量碘被淀粉牢固吸附,使标定结果偏低。

③ 若滴定至终点后,溶液迅速变回蓝色,表明 $Cr_2O_7^{2-}$ 与 I^- 反应不完全,可能是酸度不足或稀释过早造成的,应重新标定。

④ 为防止碘挥发,滴定时要快滴慢摇。

（3）标定过程。

硫代硫酸钠滴定液的标定过程如图 10-1 所示。

图 10-1 硫代硫酸钠滴定液的标定过程

4. 硫代硫酸钠滴定液的贮藏和使用

硫代硫酸钠标准溶液应保存在棕色玻璃瓶中，配得和标定后的溶液均应保存在温度接近 20 ℃并没有阳光直射的地方，并且不应受到不良气体的影响。贮存溶液的瓶子瓶口要严密。每次取用时，应尽量减少开盖的时间和次数。存放过程中，若发现溶液浑浊或表面有悬浮物，需过滤重新标定后使用，必要时重新制备。

（二）碘滴定液

1.《中国药典》规定

【配制】取碘 13.0 g，加碘化钾 36 g 与水 50 mL 溶解后，加盐酸 3 滴与水适量使成 1 000 mL，摇匀，用垂熔玻璃滤器滤过。

【标定】精密量取本液 25 mL，置碘瓶中，加水 100 mL 与盐酸溶液（9→100）1 mL，轻摇混匀，用硫代硫酸钠滴定液（0.1 mol/L）滴定至近终点时，加淀粉指示液 2 mL，继续滴定至蓝色消失。根据硫代硫酸钠滴定液（0.1 mol/L）的消耗量，算出本液的浓度，即得。

如需用碘滴定液（0.025 mol/L）时，可取碘滴定液（0.05 mol/L）加水稀释制成。

【贮藏】置玻璃塞的棕色玻璃瓶中，密闭，在凉处保存。

2. 碘滴定液的配制解析

碘具有挥发性和腐蚀性，不易准确称量，故采用间接配制法配制碘滴定液。由于 I_2 难溶于水，但易溶于 KI 溶液生成 I_3^- 配离子，反应是可逆的，所以加 KI 以增加 I_2 的溶解度。为除掉碘中微量的碘酸盐杂质以及中和 $Na_2S_2O_3$ 滴定液中少量的 Na_2CO_3，加入少量盐酸，再加水稀释至规定体积。用垂熔滤器过滤除掉未溶解的碘或其他杂质后再标定。

3. 碘滴定液的标定解析

🖉 讨论互动

碘滴定液的标定采用的是哪种标定方法？如何计算标定结果？

4. 碘滴定液的贮藏

碘滴定液应置玻璃塞的棕色玻璃瓶中，密闭，在凉处保存。其目的是避免碘滴定液遇光、受热和与橡胶等有机物接触，从而引起浓度改变。

四、碘量法在药品检验中的应用

凡是能与碘完全反应且反应速度较快的还原性物质，如乙酰半胱氨酸、二巯基丙醇、硫代硫酸钠、维生素 C、维生素钠（钙）等，都可用直接碘量法测定其含量。

一些能与碘完全反应但反应速度较慢或可溶性差的还原性物质，如焦亚硫酸钠、葡萄糖、咖啡因等，可采用剩余碘量法测定。

许多氧化性物质,如含氧酸盐、过氧化物、卤素、Fe^{3+}、Sb^{5+}、Cu^{2+}等,能定量地将 KI 氧化为 I_2,可采用置换碘量法测定。

(一) 维生素 C 的含量测定

实例 10-4 维生素 C 的含量测定 取本品约 0.2 g,精密称定,加新沸过的冷水 100 mL 与稀醋酸 10 mL 使溶解,加淀粉指示液 1 mL,立即用碘滴定液(0.05 mol/L)滴定,至溶液显蓝色并在 30 s 内不褪。每 1 mL 碘滴定液(0.05 mol/L)相当于 8.806 mg 的 $C_6H_8O_6$。

本品为 L-抗坏血酸,含 $C_6H_8O_6$ 不得少于 99.0%。

1. 原理解析

维生素 C 的分子结构中含有烯二醇基,具有较强的还原性,能被定量氧化成二酮基,反应式为:

因维生素 C 易被空气氧化,在碱性溶液中氧化更快,故应在醋酸的酸性溶液中进行滴定,以减少维生素 C 受其他氧化剂的影响。纯化水中含有溶解氧,所以必须事先煮沸,否则会使分析结果偏低。

到达化学计量点时(维生素 C 与 I_2 的计量关系为 1∶2),可直接用滴定度法,由终点时消耗的碘滴定液的体积 V_1 和滴定度 $T_{I_2/C_6H_8O_6}=8.806$ mg/mL,计算出维生素 C 的含量。计算公式为:

$$维生素 C 的含量(\%) = \frac{F \times V_{终点} \times T_{I_2/C_6H_8O_6}}{m_s} \times 100\% \tag{10-6}$$

2. 操作解析

维生素 C 的含量测定操作解析见表 10-2。

表 10-2　维生素 C 的含量测定操作解析

分析过程	主要用品	操作内容
供试品溶液的制备	仪器:分析天平、碘量瓶、量筒、刻度吸管 试剂:蒸馏水、稀醋酸、淀粉指示液	1. 用分析天平精密称取 3 份供试品,分别置于洁净、编号的碘量瓶内并记录 2. 用量筒取 100 mL 新沸过的冷水,分别置于 3 个碘量瓶中,然后用小量筒或刻度管量取 10 mL 稀醋酸,分别置于碘量瓶中,摇动使溶解 3. 在碘量瓶内分别加入淀粉指示液 1 mL
滴定液的准备	仪器:棕色酸式滴定管 试剂:碘滴定液(0.05 mol/L)	将标定好的碘滴定液装于棕色酸式滴定管中,调节至零刻度
滴定		1. 用碘滴定液(0.05 mol/L)滴定至溶液由无色变为蓝色 2. 读取消耗的滴定液的体积

分析过程	主要用品	操作内容
记录与计算		1. 供试品信息:供试品的名称_____、规格_____、生产批号_____、生产厂家_____ 2. 供试品的称量:$m_{s1}=$_____ g,$m_{s2}=$_____ g,$m_{s3}=$_____ g 3. 滴定记录:碘滴定液的实际浓度 $c=$_____ mol/L 消耗的碘滴定液的体积 $V_1=$_____ mL、$V_2=$_____ mL、$V_3=$_____ mL 4. 含量测定结果:含量$_1=$_____%、含量$_2=$_____%、含量$_3=$_____%
结果与判定		1. 数据处理:精密度=_____%、平均含量=_____% 2. 结论:本品按《中国药典》二部检验,维生素 C 的含量符合(不符合)规定

(二) 焦亚硫酸钠的含量测定

实例 10-5 焦亚硫酸钠的含量测定　取本品约 0.15 g,精密称定,置碘瓶中,精密加碘滴定液(0.05 mol/L)50 mL,密塞,振摇溶解后,加盐酸 1 mL,用硫代硫酸钠滴定液(0.1 mol/L)滴定,至近终点时,加淀粉指示液 2 mL,继续滴定至蓝色消失,并将滴定的结果用空白试验校正。每 1 mL 碘滴定液(0.05 mol/L)相当于 4.752 mg 的 $Na_2S_2O_5$。

本品按干燥品计算,含 $Na_2S_2O_5$ 不得少于 95.0%。

1. 原理解析

由于焦亚硫酸钠与 I_2 反应速度慢,不能用碘滴定液直接滴定,可与定量且过量的 I_2 充分作用后,剩余的 I_2 用 $Na_2S_2O_3$ 回滴,从而计算含量。剩余碘量法测定焦亚硫酸钠的滴定反应如下:

$$Na_2S_2O_5+2I_2(定量过量)+3H_2O \Longrightarrow Na_2SO_4+H_2SO_4+4HI \quad (反应阶段)$$

$$I_2(剩余)+2Na_2S_2O_3 \Longrightarrow Na_2S_4O_6+2NaI \quad (滴定阶段)$$

应用剩余碘量法时,一般需在条件相同的情况下做空白试验,以消除仪器误差和试剂误差。结果计算时,可从空白滴定与回滴的差数求出被测物质的含量,而无须知道碘滴定液的浓度。计算公式为:

$$焦亚硫酸钠的含量(\%)=\frac{F\times(V_0-V)\times T_{I_2/Na_2S_2O_5}}{m_s}\times 100\% \qquad (10\text{-}7)$$

2. 操作解析

焦亚硫酸钠的含量测定操作解析见表 10-3。

表 10-3　焦亚硫酸钠的含量测定操作解析

分析过程	主要用品	操作内容
供试品溶液的准备	仪器:分析天平、碘量瓶、移液管(50 mL)、刻度管(1 mL)	用分析天平精密称取 3 份供试品,分别置于洁净、编号的碘量瓶内
滴定	仪器:酸式滴定管或移液管 试剂:碘滴定液(0.05 mol/L)	于碘量瓶中精密加入 50 mL 碘滴定液(0.05 mol/L),密塞,振摇使溶解

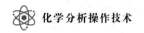
分析过程	主要用品	操作内容
返滴定	仪器:酸式滴定管 试剂:硫代硫酸钠滴定液(0.1 mol/L)、淀粉指示液	1. 用刻度管量取 1 mL 盐酸于碘量瓶中,密塞,慢摇 2. 将硫代硫酸钠滴定液(0.1 mol/L)装于酸式滴定管中,调节至零刻度 3. 用硫代硫酸钠滴定液(0.1 mol/L)进行滴定,至溶液由棕褐色变为浅黄绿色时,加入淀粉指示液,溶液立即变为蓝色,继续滴定至溶液蓝色消失 4. 读取消耗硫代硫酸钠滴定液的体积 V_1 5. 同法做空白试验,记录空白体积 V_0
记录与计算		1. 供试品信息:供试品的名称_____、规格_____、生产批号_____、生产厂家_____ 2. 供试品的称量:m_{s_1} = _____ g, m_{s_2} = _____ g, m_{s_3} = _____ g 3. 滴定记录:碘滴定液的实际浓度 c = _____ mol/L,体积 V = _____ mL 硫代硫酸钠滴定液的实际浓度 c = _____ mol/L 消耗的滴定液的体积 V_1 = _____ mL, V_2 = _____ mL, V_3 = _____ mL, V_0 = _____ mL 4. 含量测定结果:含量$_1$ = _____ %、含量$_2$ = _____ %、含量$_3$ = _____ %
结果与判定		1. 分析结果:精密度 = _____ %、平均含量 = _____ % 2. 结论:本品按《中国药典》二部检验,焦亚硫酸钠的含量符合(不符合)规定

(三)碘酸钾的含量测定

实例10-6 碘酸钾的含量测定　取本品约 0.8 g,精密称定,置 250 mL 量瓶中,加水溶解并稀释至刻度,摇匀;精密量取 25 mL,置碘瓶中,加碘化钾 2 g 与稀盐酸 10 mL,密塞,摇匀,在暗处放置 5 min,加水 100 mL,用硫代硫酸钠滴定液(0.1 mol/L)滴定,至近终点时,加淀粉指示液 2mL,继续滴定至蓝色消失,并将滴定的结果用空白试验校正。每 1 mL 硫代硫酸钠滴定液(0.1 mol/L)相当于3.567 mg的 KIO_3。

1. 原理解析

碘酸钾具有较强的氧化性,能与 I^- 发生反应,定量置换出 I_2。用 $Na_2S_2O_3$ 滴定液滴定 I_2,根据消耗的 $Na_2S_2O_3$ 滴定液的体积和浓度,即可计算出 KIO_3 的含量。滴定反应为:

$$IO_3^- + 5I^- + 6H^+ \longrightarrow I_2 + 3H_2O \qquad (置换碘的反应)$$
$$I_2 + 2Na_2S_2O_3 \longrightarrow Na_2S_4O_6 + 2NaI \qquad (滴定碘的反应)$$

化学计量关系为:1 mol 的 Na_2S_2O 相当于 0.5 mol 的 KIO_3。

 讨论互动

置换碘量法测定 KIO_3 的含量,为什么要加入过量的碘化钾和盐酸?为什么要使用碘量瓶密塞并在暗处放置 5 min?为什么要近终点时加淀粉指示剂?如何确定滴定已近终点?

2. 操作解析

碘酸钾的含量测定操作解析见表10-4。

表 10-4　碘酸钾的含量测定操作解析

测定过程	主要用品	操作内容
供试品溶液的制备	仪器:分析天平、称量瓶、容量瓶、烧杯、玻璃棒 试剂:蒸馏水	用分析天平精密称取供试品于洁净的容量瓶内,加水溶解并稀释至刻度,摇匀
置换碘	仪器:移液管、碘量瓶、量筒、托盘天平 试剂:稀盐酸、碘化钾	1. 用移液管精密量取供试品溶液 25 mL,置碘瓶中 2. 用托盘天平称取 2 g 碘化钾,加入碘量瓶,再用量筒量取 10 mL 稀盐酸加入碘量瓶,立即密塞,振摇,将碘量瓶加水封,暗处放置 5 min
滴定碘	仪器:碱式滴定管 试剂:硫代硫酸钠滴定液(0.1 mol/L)、淀粉指示液	1. 将硫代硫酸钠滴定液(0.1 mol/L)盛于酸式滴定管中,调节至零刻度 2. 用硫代硫酸钠滴定液(0.1 mol/L)对其进行滴定,至溶液由棕褐色变浅黄绿色时,加入淀粉指示液,溶液立即变为蓝色,继续滴定至溶液蓝色消失,读取消耗的滴定液的体积 3. 平行测定 3 次 4. 同法做空白试验,记录空白体积 V_0
记录与计算	1. 供试品信息:供试品的名称_____、规格_____、生产批号_____、生产厂家_____ 2. 供试品的称量:$m_s =$ _____ g 3. 滴定记录:硫代硫酸钠滴定液的实际浓度 $c =$ _____ mol/L 消耗的滴定液的体积 $V_1 =$ _____ mL、$V_2 =$ _____ mL、$V_3 =$ _____ mL、$V_0 =$ _____ mL 4. 含量测定结果:含量$_1 =$ _____ %、含量$_2 =$ _____ %、含量$_3 =$ _____ %	
结果与判定	1. 分析结果:精密度 = _____ %、平均含量 = _____ % 2. 结论:本品按《中国药典》二部检验,碘酸钾的含量符合(不符合)规定	

附:"直接碘量法和间接碘量法的异同"参考答案见表 10-5。

表 10-5　直接碘量法和间接碘量法的异同

方法分类		待测组分	滴定液	滴定条件	指示剂		
					名称	加入时间	终点现象
直接碘量法		还原性物质	I_2	酸性/中性/弱碱性	淀粉/碘	滴定前	蓝色出现
间接碘量法	置换碘量法	氧化性物质	$Na_2S_2O_3$	酸性/中性	淀粉	近终点时	蓝色消失
	剩余碘量法	还原性物质	$Na_2S_2O_3$		淀粉	近终点时	蓝色消失

任务四　亚硝酸钠法

亚硝酸钠法是以亚硝酸钠为滴定液,在盐酸酸性条件下,测定芳伯胺类和芳仲胺类化合物的氧化还原滴定法。其中,亚硝酸钠滴定芳伯胺类的反应为重氮化反应,称为重氮化滴定法；亚硝酸钠滴定芳仲胺类的反应为亚硝基化反应，称为亚硝基化滴定法。两者总称为亚硝酸钠法，其中以重氮化滴定法最为常用。

一、重氮化滴定法的测定原理

（一）滴定反应

芳伯胺类化合物在酸性条件下与亚硝酸钠反应生成伯胺的重氮盐，其反应式为：

$$NaNO_2 + 2HCl + ArNH_2 \Longleftrightarrow [Ar\text{-}N^+ \equiv N]Cl^- + NaCl + 2H_2O$$

（二）滴定终点的确定

《中国药典》规定，重氮化滴定法采用永停滴定法确定化学计量点。

永停滴定法采用两支相同的铂电极，当在电极间加一低电压（如 50 mV）时，若电极在溶液中极化，则在未到滴定终点时，仅有很小或无电流通过；但当到达终点时，滴定液略有过剩，使电极去极化，溶液中即有电流通过，电流计指针突然偏转，不再回复。反之，若电极由去极化变为极化，则电流计指针从有偏转回到零点，也不再变动。永停滴定可用永停滴定仪或图 10-2 所示的装置确定终点。

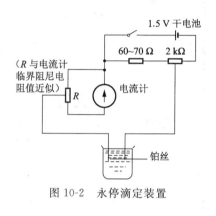

图 10-2　永停滴定装置

二、重氮化滴定法的滴定条件

重氮化滴定法测定芳伯胺类化合物的含量时，为保证测定结果的准确度，需注意以下几个方面：

（一）酸的种类和溶液的酸度

由于在盐酸中重氮化滴定反应的速度较快，滴定产物芳伯胺重氮盐在盐酸中溶解度也较大，所以常用盐酸。酸度过高，盐酸会与芳伯胺成盐，妨碍芳伯胺的游离；酸度过低，重氮盐易分解且易与未反应的芳伯胺发生偶联反应，使测定结果偏低。因此，滴定时，酸度应控制在 $1 \sim 2$ mol/L。

（二）采用快速滴定法

室温下滴定时，重氮化滴定法采用快速滴定法，即将滴定管尖端插入供试品溶液液面下约 2/3 处（见如图 10-3），在不断搅拌下一次滴入大部分的亚硝酸钠滴定液；近终点时，将滴定管尖端提出液面，在不断搅拌下再缓缓滴定至终点。快速滴定法不仅可以通过提高供试品溶液中的滴定液浓度来提高反应速度，还可减少亚硝酸的逸失和分解，使反应完全，提高测定结果的准确度。

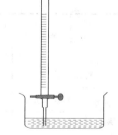

图 10-3　滴定管位置

（三）苯环上的取代基团

苯环上的取代基团会影响滴定反应的速度，特别是吸电子基团，如 $-X$、$-COOH$、$-NO_2$、$-SO_3H$ 等，能使反应速度加快；斥电子基团，如 $-OH$、$-CH_3$、

—OR等,能使反应速度减慢。对于反应较慢的药物,常加入 KBr 作催化剂。

三、亚硝酸钠法的滴定液

(一)《中国药典》规定

【配制】取亚硝酸钠 7.2 g,加无水碳酸钠(Na$_2$CO$_3$)0.10 g,加水适量使溶解成 1 000 mL,摇匀。

【标定】取在 120 ℃ 干燥至恒重的基准对氨基苯磺酸约 0.5 g,精密称定,加水 30 mL 与浓氨试液 3 mL 溶解后,加盐酸(1→2)20 mL,搅拌,在 30 ℃ 以下用本液迅速滴定,滴定时将滴定管尖端插入液面下约 2/3 处,随滴随搅拌;至近终点时,将滴定管尖端提出液面,用少量水洗涤管尖,洗液并入溶液中,继续缓缓滴定,用永停滴定法(通则 0701)指示终点。每 1 mL亚硝酸钠(0.1 mol/L)滴定液相当于 17.32 mg 的对氨基苯磺酸。根据本液的消耗量与对氨基苯磺酸的取用量,算出本液的浓度,即得。

【贮藏】置玻璃塞的棕色玻璃瓶中,密闭保存。

(二)NaNO$_2$滴定液的配制解析

NaNO$_2$滴定液采用间接法配制。NaNO$_2$滴定液不稳定,久置时浓度会显著下降。但若溶液呈弱碱性(pH≈10)时,可提高其稳定性,其浓度在 3 个月内几乎不变,故配制时需加入少量的碳酸钠作稳定剂。

(三)NaNO$_2$滴定液的标定解析

标定 NaNO$_2$滴定液常用对氨基苯磺酸作基准物质。对氨基苯磺酸为分子内盐,在水中溶解速度缓慢,故需加入氨试液使其溶解,再加盐酸调节其酸度。NaNO$_2$滴定液的标定采用快速滴定法,永停滴定法确定其滴定终点。滴定反应式为:

$$H_2N\!-\!\!\bigcirc\!\!-\!SO_3H + NaNO_2 + 2HCl \rightleftharpoons [N\!\!\equiv\!\!N^+\!\!-\!\!\bigcirc\!\!-\!SO_3H]Cl^- + 2H_2O + NaCl$$

根据精密称定的基准对氨基苯磺酸的质量和消耗的 NaNO$_2$滴定液的体积,即可计算出亚硝酸钠的准确浓度。计算公式为:

$$c_{NaNO_2} = \frac{m_{基准}}{M_{基准}V_{终点}} \tag{10-8}$$

讨论互动

1. 配制 NaNO$_2$ 滴定液时,为什么要加入少量的无水碳酸钠?

2. 标定 NaNO$_2$ 滴定液的基准物质是什么? 标定的原理是什么?

3. 为什么要加入氨试液?

4. 标定 NaNO$_2$ 滴定液的滴定操作和一般的滴定操作有什么不同? 为什么要这样做?

四、亚硝酸钠法在药品检验中的应用

重氮化滴定法主要用于测定芳伯胺类药物,如盐酸普鲁卡因、盐酸普鲁卡因胺、氨苯砜和磺胺甲噁唑等,还可测定水解后具有芳伯胺结构的药物,如醋氨苯砜等。亚硝基化滴定法主要用于测定芳仲胺类药物,如磷酸伯氨喹片等。

实例 10-7 盐酸普鲁卡因（见图 10-4）的含量测定 取本品约 0.6 g，精密称定，照永停滴定法（《中国药典》通则 0701），在 15～25 ℃，用亚硝酸钠滴定液（0.1 mol/L）滴定。每 1 mL 亚硝酸钠滴定液（0.1 mol/L）相当于 27.28 mg 的 $C_{13}H_{20}N_2O_2 \cdot HCl$。

实例 10-8 醋氨苯砜（见图 10-5）的含量测定 取本品约 0.5 g，精密称定，置锥形瓶中，加盐酸溶液（1→2）75 mL，瓶口放一小漏斗，加热使沸腾后，保持微沸约 30 min，放冷，将溶液移至烧杯中，锥形瓶用 25 mL 水分次洗涤，洗液并入烧杯，照永停滴定法（《中国药典》通则 0701），用亚硝酸钠滴定液（0.1 mol/L）滴定。每 1 mL 亚硝酸钠滴定液（0.1 mol/L）相当于 16.62 mg 的 $C_{16}H_{16}N_2O_4S$。

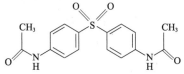

图 10-4 盐酸普鲁卡因的结构式　　　　　　图 10-5 醋氨苯砜的结构式

自动永停滴定仪

自动永停滴定仪（见图 10-6）是容量分析中确定终点的一种方法，也是容量实验分析中必不可少的测定仪器。按《中国药典》要求，用于重氮化测定终点而设计的容量分析仪器，适应于测定终点的指示仪器。它具有精度高、测定准确、使用方便、小巧轻便、性能稳定等优点。

图 10-6 ZYT-2J 智能自动永停滴定仪

任务五　氧化还原滴定法实训

实训十二　维生素 C 的含量测定

一、实训目的

1. 掌握直接碘量法测定维生素 C 含量的方法和操作技能。
2. 学会控制滴定条件和用淀粉指示剂指示终点的方法。
3. 会正确记录实验数据并计算测定结果。

二、实训任务

根据《中国药典》规定，用直接碘量法测定维生素 C 的含量。

三、《中国药典》规定

取本品约 0.2 g，精密称定，加新沸过的冷水 100 mL 与稀醋酸 10 mL 使溶解，加淀粉指示液 1 mL，立即用碘滴定液(0.05 mol/L)滴定，至溶液显蓝色并在 30 s 内不褪。每 1 mL 碘滴定液(0.05 mol/L)相当于 8.806 mg 的 $C_6H_8O_6$。

本品为 L-抗坏血酸，含 $C_6H_8O_6$ 不得少于 99.0%。

四、实训用品

1. 试剂：碘滴定液(0.05 mol/L)、淀粉指示剂、稀醋酸。

2. 仪器：电子天平、酸式滴定管(50 mL)、锥形瓶(250 mL)。

五、实训方案

按照《中国药典》规定，平行测定 3 次，并计算和评价计算结果。

六、实训结果

1. 供试品信息：供试品的名称_____、规格_____、生产批号_____、生产厂家_____。

2. 供试品的称量：$m_{s_1}=$ _____ g、$m_{s_2}=$ _____ g、$m_{s_3}=$ _____ g。

3. 滴定记录：碘滴定液的实际浓度 $c=$ _____ mol/L。

终点时消耗的碘滴定液的体积：$V_1=$ _____ mL、$V_2=$ _____ mL、$V_3=$ _____ mL。

4. 结果计算：含量$_1=$ _____ %、含量$_2=$ _____ %、含量$_3=$ _____ %。

5. 分析结果：相对平均偏差＝ _____ %、平均含量＝ _____ %。

6. 结论：本品按《中国药典》二部检验，结果符合(不符合)规定。

七、实训思考

如何计算维生素 C 的含量？

实训十三　硫代硫酸钠滴定液的标定

一、实训任务

根据《中国药典》规定准备实训用品、设计实训方案、完成硫代硫酸钠滴定液(0.1 mol/L)的标定。

二、实训目的

1. 知道置换碘量法的测定原理、滴定条件、测定过程。

2. 能根据《中国药典》规定合理选择实验用品、设计实验方案。

3. 能正确记录实验数据并计算实验结果。

三、《中国药典》规定

取在 120 ℃ 干燥至恒重的基准重铬酸钾 0.15 g，精密称定，置碘量瓶中，加水 50 mL 使溶解，加碘化钾 2.0 g，轻轻振摇使溶解，加稀硫酸 40 mL，摇匀，密塞；在暗处放置 10 min 后，加水 250 mL 稀释，用本液滴定至近终点时，加淀粉指示液 3 mL，继续滴定至蓝色消失而显亮绿色，并将滴定的结果用空白试验校正。每 1 mL 硫代硫酸钠滴定液(0.1 mol/L)相当于 4.903 mg 的重铬酸钾。根据本液的消耗量与重铬酸钾的取用量，算出本液的浓度，即得。

四、实训用品

1. 试剂。

将硫代硫酸钠滴定液的标定所需试剂填入表 10-6 中。

表 10-6　硫代硫酸钠滴定液的标定所需试剂

序　号	试剂名称	配制方法	用途
1			
2			
3			

2. 仪器。

将硫代硫酸钠滴定液的标定所需仪器填入表 10-7 中。

表 10-7　硫代硫酸钠滴定液的标定所需仪器

序号	仪器名称	规格型号	用途
1			
2			
3			
4			
5			

五、实训方案设计

将硫代硫酸钠滴定液的标定方案设计填入表 10-8 中。

表 10-8　硫代硫酸钠滴定液的标定方案设计

序号	分析过程	操作内容
1		
2		
3		
4		

六、实训结果

1. 记录哪些原始数据？

2. 结果如何计算？

3. 数据如何处理？

4. 结论是什么？

目标检测

一、填一填

1. 碘量法所使用的指示剂是_____，直接碘量法所使用的滴定液是_____，间接碘量法所使用的滴定液是_____。

2. 直接碘量法必须在_____或_____溶液中进行。在强碱性溶液中，会发生 I_2 的_____反应，使结果偏_____。

3. 氧化剂和还原剂的强弱，可以用有关电对的_____来衡量。电对的_____越高,其氧化态的氧化能力越强;电对的_____越低,其还原态的还原能力越强。

4. 亚硝酸钠法是以_____为滴定液,在酸性条件下测定_____、_____类化合物含量的氧化还原滴定法。测定药物的含量时,《中国药典》用_____确定终点。

二、选一选

1. 高锰酸钾法滴定时,调节溶液的酸度宜选用(　　)。

    A. HCl   B. H_2SO_4 C. HAc   D. HNO_3

2. 高锰酸钾法滴定的过程中,反应速度是(　　)。

    A. 一直非常缓慢   B. 很快   C. 逐步加快   D 由快到慢

3. 间接碘量法测定物质的含量时,指示剂应在(　　)。

    A. 滴定前加入   B. 近终点加入   C. 终点后加入   D. 终点时加入

4. 配制硫代硫酸钠滴定液时,为保持其稳定性,应加入少量(　　)。

    A. NaCl   B. Na_2CO_3 C. $Na_2C_2O_4$ D. As_2O_3

5. $NaNO_2$法滴定时,调节溶液的酸度宜用(　　)。

    A. HCl   B. H_2SO_4 C. CH_3COOH D. HNO_3

6. 氧化还原反应中规定,还原反应是(　　)。

    A. 得电子的反应   B. 失电子的反应

    C. 无电子得失的反应   D. 有电子得失的反应

7. 直接碘量法的滴定液是(　　)。

    A. $Na_2S_2O_3$ B. I_2 C. $AgNO_3$ D. NH_4SCN

8. 置换碘量法中的滴定液是(　　)。

    A. $Na_2S_2O_3$ B. I_2 C. $AgNO_3$ D. NH_4SCN

9. 直接碘量法以淀粉为指示剂的滴定终点现象是(　　)。

    A. 出现蓝色   B. 蓝色消失   C. 出现棕色   D. 棕色消失

10. $NaNO_2$法中重氮化滴定法的对象是(　　)。

    A. 伯胺   B. 仲胺   C. 芳伯胺   D. 芳仲胺

11. 下列哪种溶液在读取滴定管读数时,应读液面的最高处(　　)。

    A. $KMnO_4$ B. NaOH   C. $Na_2S_2O_3$ D. HCl

12. 直接碘量法应控制的条件是(　　)。

    A. 强酸性条件   B. 强碱性条件

    C. 中性或弱酸性条件   D. 什么条件都可以

13. 碘量法中使用碘量瓶的目的是(　　)。

    A. 防止碘挥发   B. 防止溶液与空气接触

    C. 防止溶液溅出   D. A+B

14. 用 $Na_2S_2O_3$ 滴定 I_2 时,应在(　　)条件下进行。

    A. 碱性   B. 中性   C. 强酸性   D. 弱酸性

15. 下列不属于氧化还原滴定法的是(　　)。

    A. 高锰酸钾法   B. 碘量法   C. 银量法   D. 亚硝酸钠法

三、判一判

1. 亚硝酸钠滴定法中,加入 KBr 的作用是加快反应速度。　　　　　　　　　　(　　)

2. 碘量法是用碘液作滴定液的方法。　　　　　　　　　　　　（　　）

3. 碘量法应在较高的温度下进行。　　　　　　　　　　　　　（　　）

4. 间接碘量法的终点是蓝色消失。　　　　　　　　　　　　　（　　）

5. 高锰酸钾滴定液可装在碱式滴定管中使用。　　　　　　　　（　　）

6. 碘滴定液和硫代硫酸钠滴定液可以贮藏在无色试剂瓶中。　　（　　）

四、想一想

1. 氧化还原反应的实质是什么？有何特点？

2. 高锰酸钾法为什么在酸性溶液中进行滴定？确定终点使用的指示剂是什么？

3. 简述直接碘量法和间接碘量法的异同。

4. 什么是亚硝酸钠滴定法？分为几类？什么是快速滴定法？有什么优点？

模块三

重量分析法

项目十一　重量分析法

学习目标

【知识目标】

1. 掌握重量分析法的概念、分类和特点,沉淀重量法的概念、测定原理和方法要求,化学因数的概念、意义和计算方法,恒重的概念和意义。

2. 熟悉干燥失重的概念、测定方法、方法要求,沉淀形式和称量形式的概念、意义及要求。

【技能目标】

1. 能够按照标准操作规程进行干燥失重测定并会计算干燥失重测定的结果。

2. 会按照沉淀重量法操作规程测定相关药品的含量。

任务一　了解重量分析法

一、重量分析法的概念

重量分析法属于化学定量分析法,是使用适当的方法将供试品中的被测组分和其他组分分离,然后通过称量来进行分析的方法。其原理如图 11-1 所示。

图 11-1　重量分析法原理

重量分析法中,被测组分和其他组分分离后,最后用于称量的物质称为称量形式。

二、重量分析法的分类

根据分离的方法不同,重量分析法可分为沉淀重量法、挥发重量法和萃取重量法等。

(一) 沉淀重量法

沉淀重量法是利用沉淀反应,将被测组分转化为难溶化合物,以沉淀形式从溶液中分离出来,经过过滤、洗涤、干燥或灼烧,得到可供称量的物质,然后称量,根据称量形式的重量,

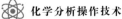

算出被测组分的含量。沉淀法是一种经典的分离测定方法,应用历史悠久,是重量分析法中的主要方法,习惯上常称沉淀重量法。

沉淀重量法在药品检验中主要用于药物的含量测定及药物的纯度检查,如西瓜霜润喉片中 Na_2SO_4 的含量测定。

(二)挥发重量法

挥发重量法是利用物质的挥发性,通过加热或其他方法,使供试品中的被测组分与其他组分(或其衍生物)挥发而达到分离,然后通过称量来计算被测组分的含量的方法。

根据称量形式的不同,挥发重量法可分为直接挥发法和间接挥发法。被测组分与其他组分分离后,如果称量的是被测组分或其衍生物,称为直接挥发法;如果称量的是其他组分,通过测定供试品减失的重量来求得被测组分的含量,称为间接挥发法。

在药品检验中,应用挥发重量法进行分析的项目主要是检查项中的干燥失重、炽灼失重、水分、炽灼残渣和灰分。

(三)萃取重量法

萃取法是利用待测组分与其他组分在互不相溶的两种溶剂中的溶解度不同,把待测组分从试样中定量转移至萃取剂中而与其他组分分离,然后蒸干萃取剂,称量干燥物,计算出待测组分在试样中的含量的方法。

萃取重量法除了可以进行组分的含量测定外,还可以用于制剂分析和中药分析中供试品的预处理。萃取装置如图 11-2 所示。

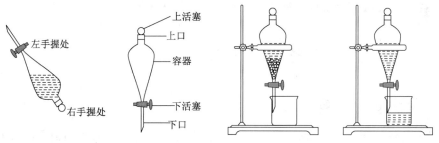

图 11-2　萃取装置示意图

重量分析法的分类见表 11-1。

表 11-1　重量分析法的分类

方法名称	分离方法	物质的性质	称量形式	在药品检验中的应用
挥发重量法	加热或其他方法	挥发性	挥发物或衍生物或残留物	药品的干燥(炽灼)失重测定、炽灼残渣检查、中药灰分测定、水分测定、含量测定
萃取重量法	萃取	在互不相溶的两相中溶解度不同	萃取物	制剂分析中供试品的预处理、含量测定
沉淀重量法	沉淀	与沉淀剂生成难溶化合物	沉淀或其衍生物	含量测定

三、重量分析法的要求

(1) 被测组分和其他组分能够用适当的方法完全分离。

(2) 分离后,能够进行精密称定。

(3) 称量形式与被测组分具有确定的计量关系。

四、重量分析法的特点

(1) 结果准确。重量分析法直接用分析天平称量测定,不需要标准样品或基准物质进行比较,避免了因所用的容量仪器不准等引入的误差,所以准确度高。相对误差一般不超过±0.2%。有时,为核对其他分析方法的准确度,也常采用重量分析法的测定结果作为标准。

(2) 操作烦琐,费时较长。由于要经过分离、干燥、灼烧等步骤,使得该方法操作手续烦琐,耗时多,目前已逐渐被其他分析方法所代替。但对某些常量元素(如硅、硫、磷、钨、镍等)及水分、挥发物仍用重量分析法。

(3) 适用于常量组分分析,微量组分分析误差较大。

五、重量分析法的一般测定过程

重量分析法的一般测定过程如图 11-3 所示。

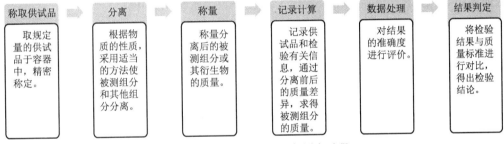

图 11-3 重量分析法的一般测定过程

1. 重量分析法的关键操作步骤是什么?

2. 重量分析法的分类依据是什么? 分为哪几种?

任务二 干燥失重测定法

实例 11-1 阿司匹林的干燥失重测定 取本品,置五氧化二磷为干燥剂的干燥器中,在60 ℃减压干燥至恒重,减失质量不得过 0.5%。

1. 什么是干燥失重? 干燥失重测定法属于哪一类重量分析法? 为什么?

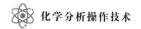
2. 什么是恒重？有何意义？

一、干燥失重测定法概述

1. 干燥失重的定义

干燥失重是指药品在规定的条件下干燥后减失的质量,测定结果用干燥失重率即干燥失重在供试品中所占的百分率来表示。干燥失重是药品的检查项目之一,属于挥发重量法。

2. 干燥失重测定法的分类

根据干燥的方法不同,干燥失重常分为以下几类:

(1)常压恒温干燥法。

在干燥箱中,将供试品在规定温度下加热干燥的方法。它适用于受热较稳定的药品。除另有规定外,干燥温度为 105 ℃。

(2)减压恒温干燥法。

在真空干燥箱中,将供试品在规定温度下加热干燥的方法。它适用于水分较难除尽的药品。除另有规定外,压力应在 26.7 KPa(20 mmHg)以下。

(3)干燥剂干燥法。

① 常压干燥剂法。

在室温或规定的温度下,在装有适当干燥剂的干燥器中将供试品干燥的方法。它适用于遇热不稳定的药品。常用的干燥剂有五氧化二磷、无水氯化钙和硅胶。

② 减压干燥剂法。

在室温或规定的温度下,在装有适当干燥剂的干燥器中,在真空状态下将供试品干燥的方法。它适用于遇热不稳定且水分较难除尽的药品。除另有规定外,压力应在 2.67 KPa(20 mmHg)以下。常用的干燥剂是五氧化二磷。

3. 干燥失重测定法的原理

干燥失重的测定原理如图 11-4 所示。

图 11-4　干燥失重的测定原理

(1)被测组分。

它适用于水分、乙醇等挥发性物质。

(2)称量形式。

用于称量干燥前、干燥后的供试品。

（3）结果计算。

$$干燥失重（\%）=\frac{供试品干燥前的质量-供试品干燥后的质量}{供试品的质量}\times100\% \qquad (11\text{-}1)$$

4. 干燥失重测定法的要求

（1）供试品不具有挥发性，在规定的干燥条件下性质稳定。

（2）挥发要完全。挥发是否完全通过是否干燥至恒重来衡量。

恒重，除另有规定外，系指供试品在规定的条件下连续两次干燥或炽灼后的质量差异在 0.3 mg 以下的质量。

二、干燥失重测定操作规程

（一）测定前的准备

1. 干燥失重测定的主要用品

（1）烘箱（见图 11-5）：最高使用温度为 300 ℃，控温精度为 ±1 ℃。

（2）减压恒温干燥箱（见图 11-6）。

（3）分析天平：感量为 0.1 mg 的电子天平（见图 11-7）。

（4）扁形称量瓶（见图 11-8）：适宜的规格。

（5）干燥器：常压干燥器（见图 11-9）或减压干燥器（见图 11-10）。

图 11-5　烘箱　　　　图 11-6　减压恒温真空干燥箱　　　　图 11-7　电子天平

图 11-8　扁形称量瓶　　　图 11-9　常压干燥器　　　图 11-10　减压干燥器

2. 干燥失重测定前准备

（1）烘箱。

接通电源，打开加热开关，设定加热温度，控制温度在规定值。

（2）减压恒温干燥箱。

接通电源，设定加热温度，调节真空度，控制温度、真空度在规定值。

（3）电子天平。

检查调节水平，接通电源，预热，调节零点。

（4）空称量瓶的恒重。

将适宜规格、洁净的扁形空称量瓶在与供试品相同的条件下干燥至恒重，精密称定，记

为 W_1，置于干燥器中备用。

（5）干燥器。

检查干燥剂，清洁隔板，检查磨口盖的密封程度。

（6）供试品。

供试品应混合均匀。若颗粒较大，研细至颗粒直径在 2 mm 以下，混合均匀。

（二）称取供试品

取约 1 g 或规定量的供试品，置于恒重的空称量瓶内，精密称定，记为 W_2。干燥失重 >1%者，平行称取 2 份。

（三）干燥

1. 供试品的厚度

将供试品置于适宜规格的扁形称量瓶中，厚度不得超过 5 mm，如图 11-11（a）所示。若供试品为疏松物质，则厚度不得超过 10 mm，如图 11-11（b）所示。

（a）结晶性物质　　（b）疏松物质

图 11-11　供试品的厚度

2. 称量瓶盖的放置

将称量瓶置于烘箱内，瓶盖半开或瓶盖置于瓶身旁边，如图 11-12 所示。取出时，须将称量瓶盖好。

（a）瓶盖半开　　　　（b）瓶盖置于瓶身旁边

图 11-12　干燥时称量瓶盖的位置

3. 干燥温度

烘箱干燥法，除另有规定外，干燥温度为 105 ℃。减压恒温干燥法，除另有规定外，压力应在 2.67 KPa（20 mmHg）以下。

4. 干燥时间

干燥时间应大于 1 h 或按规定时间干燥。

（四）称量

常压（减压）恒温干燥法：自烘箱取出后，先置于干燥器中冷却至室温后，盖好瓶盖，再精密称定。

干燥剂干燥法：盖好瓶盖，从干燥器中取出即可称量。

(五) 恒重

重复干燥、称量操作，直至恒重，记为 W_3。第二次及以后的各次称量均应在继续干燥 1 h 后进行。

(六) 记录与数据处理

1. 记录

干燥失重测定记录见表 11-2。

表 11-2　干燥失重测定记录

供试品名称						批号			
生产厂家									
干燥温度/℃				压力			干燥剂		
供试品的质量(W_2)				$W_{21}=$ _____ g			$W_{22}=$ _____ g		
称量次数	空称量瓶(W_1)			第1份供试品＋称量瓶(W_{31})			第2份供试品＋称量瓶(W_{32})		
	干燥时间	冷却时间	质量/g	干燥时间	冷却时间	质量/g	干燥时间	冷却时间	质量/g
第1次									
第2次									
第3次									
……									

2. 数据处理

干燥失重的计算公式为：

$$干燥失重(\%)=\frac{W_1+W_2-W_3}{W_2}\times 100\%　　　　　(11\text{-}2)$$

计算结果按"有效数字和数值的修约及其运算"修约，使其与标准中规定限度的有效位数相一致。

3. 结论

计算结果小于或等于限度值时，判为符合规定；计算结果大于限度值时，判为不符合规定。

三、干燥失重测定在药品检验中的应用

(一) 应用实例

实例 11-2 利巴韦林的干燥失重测定　取本品，在 105 ℃ 干燥至恒重，减失质量不得过 0.5%。

实例 11-3 布洛芬的干燥失重测定　取本品，以五氧化二磷为干燥剂，在 60 ℃ 减压干燥至恒重，减失质量不得过 0.5%。

实例 11-4 盐酸洛贝林的干燥失重测定　取本品，置五氧化二磷干燥器中干燥至恒重，减失质量不得过 1.0%。

讨论互动

1. 上述实例中，药品的干燥失重测定方法有何不同？为什么？

2. 干燥失重测定时，供试品的取用量是多少？称取几份？使用哪种称量方法？

3. 干燥后的供试品可以直接称量吗？如果在空气中冷却，对分析结果会产生什么影响？

4. 恒重操作时，第二次干燥的时间是多少？若干燥时间不足，会产生什么影响？

(二) 实例操作解析

干燥失重测定实例操作解析见表11-3。

表 11-3　干燥失重测定实例操作解析

测定过程	利巴韦林	布洛芬	盐酸洛贝林
测定前的准备			
称取供试品	取本品	取本品	取本品
干燥	在 105 ℃ 干燥至恒重	以五氧化二磷为干燥剂，在 60 ℃ 减压干燥至恒重	置五氧化二磷干燥器中干燥至恒重
记录与数据处理			
结果与判定	减失质量不得过 0.5%	减失质量不得过 0.5%	减失质量不得过 1.0%

知识链接

1. 炽灼残渣检查法

炽灼残渣是指将药品(有机化合物)经加热灼烧至完全灰化，再加硫酸 0.5～1.0 mL 并炽灼至恒重后遗留的金属氧化物或其硫酸盐。具体操作和要求详见《中国药典》通则 0841。

2. 灰分测定法

灰分是指药物经高温炽灼后残留的金属氧化物和无机盐。灰分的含量反映了药物含无机杂质的多少，是药物杂质的一个检查项目。灰分的测定包括总灰分测定和酸不溶性灰分两种方法。具体操作和要求详见《中国药典》通则 2302。

任务三　沉淀重量法

实例分析

实例 11-5 西瓜霜的含量测定　取本品约 0.4 g，精密称定，加水 150 mL，振摇 10 min，滤过；沉淀用水 50 mL 分 3 次洗涤，滤过，合并滤液；加盐酸 1 mL，煮沸，不断搅拌，并缓缓加入热氯化钡试液(约 20 mL)，至不再生成沉淀；置水浴上加热 30 min，静置 1 h，用无灰滤纸或称定质量的古氏坩埚滤过；沉淀用水分次洗涤，至洗涤液不再显氯离子的反应；干燥，并炽灼至恒重；精密称定，与 0.608 6 相乘，即得供试品中含有硫酸钠(Na_2SO_4)的质量。

本品按干燥品计算，含硫酸钠(Na_2SO_4)不得少于 90.0%。

1. 实例 11-5 的检验任务是什么?

2. 实例 11-5 采用的分析方法是什么? 属于分析方法中的哪一类?

3. 实例 11-5 的分析方法和干燥失重实例有哪些共同点和不同点?

一、沉淀重量法的分析原理

沉淀重量法的分析原理如图 11-13 所示。

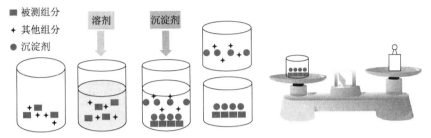

图 11-13　沉淀重量法的分析原理

(一) 沉淀形式和称量形式

1. 沉淀形式

在供试液中加入适当的沉淀剂,使其与被测组分发生沉淀反应,从而将被测组分从样品溶液中沉淀出来,所生成的沉淀称为沉淀形式。

2. 称量形式

沉淀形式经过滤、洗涤,在适当温度下干燥或灼烧后,转化为最后可称量的物质,该物质称为称量形式。

(二) 化学因数

1. 化学因数的定义

化学因数也称换算因数,是与单位质量的称量形式所相当的被测组分的质量值,用符号 F 表示。

2. 化学因数的计算

根据沉淀反应、干燥灼烧时发生的化学反应,可知被测组分、沉淀形式和称量形式之间的关系,如图 11-14 所示。

图 11-14　被测组分、沉淀形式和称量形式之间的关系

被测组分和称量形式之间存在着以下关系:

$$F = \frac{被测组分的质量}{称量形式的质量} = \frac{a \times M_{被测组分}}{c \times M_{称量形式}} \tag{11-3}$$

3. 化学因数值的意义

化学因数值定量反映了被测组分和称量形式之间的质量关系,是沉淀重量法测定结果的计算依据。

实例 11-6　根据被测组分及其称量形式,计算化学因数。

计算过程见表 11-4。

表 11-4　化学因数的计算

被测组分	沉淀形式	称量形式	F 表达式	F 值
2Fe	$2Fe(OH)_3 \cdot xH_2O$	Fe_2O_3	$\dfrac{2 \times M_{Fe}}{1 \times M_{Fe_2O_3}}$	0.699 4
Na_2SO_4	$BaSO_4$	$BaSO_4$	$\dfrac{1 \times M_{Na_2SO_4}}{1 \times M_{BaSO_4}}$	0.608 6
2MgO	$2MgNH_4PO_4 \cdot 6H_2O$	$Mg_2P_2O_7$	$\dfrac{2 \times M_{MgO}}{1 \times M_{Mg_2P_2O_7}}$	0.362 2

(三) 结果计算

计算公式为:

$$被测组分的含量(\%) = \frac{m_{被测组分}}{m_{供试品}} \times 100\% = \frac{F \times m_{称量形式}}{m_{供试品}} \times 100\% \tag{11-4}$$

实例 11-7　称取 Na_2SO_4 0.653 1 g,溶于水后,以 BaCl 为沉淀剂将其定量地沉淀为 $BaSO_4$,经过滤、洗涤、干燥和灼烧,得 $BaSO_4$(称量形式)0.469 8 g,计算 Na_2SO_4 的含量。

解　由公式(11-3)得:

$$F = \frac{1 \times M_{Na_2SO_4}}{1 \times M_{BaSO_4}} = \frac{142.0}{233.4}$$

由公式(11-4)得:

$$Na_2SO_4 的含量(\%) = \frac{m_{BaSO_4} \times F}{m_s} \times 100\%$$

$$= \frac{0.469\ 8 \times \dfrac{142.0}{233.4}}{0.653\ 1} \times 100\%$$

$$= 43.76\%$$

 问题探究

回顾重量法的方法要求,思考沉淀重量法的测定注意事项。

二、沉淀重量法的测定条件

(一) 沉淀形式

1. 沉淀的分类及形成过程

沉淀分为晶形沉淀(见图 11-15)和非晶形沉淀(见图 11-16)。晶形沉淀由较大的颗粒(颗粒直径为 $0.1 \sim 1\ \mu m$)组成,内部排列较规则,结构紧密,体积较小,易过滤和洗涤。非晶

形沉淀由许多疏松、微小的沉淀颗粒(颗粒直径一般小于 $0.02~\mu m$)聚集而成,沉淀颗粒排列杂乱无章,包含大量数目不定的水分子,絮状疏松,体积大,易吸附杂质,难于过滤和洗涤。

图 11-15 硫酸铜晶形沉淀

图 11-16 氢氧化铝非晶形沉淀

生成哪种类型的沉淀,取决于定向速度和聚集速度的相对大小。

聚集速度是沉淀微粒聚集成聚集体的速度,由沉淀的性质和沉淀的条件决定。溶解度很小的沉淀,如金属离子的氢氧化物 $Fe(OH)_3$、$Al(OH)_3$ 等,聚集速度较快,一般为非晶型沉淀。溶解度较大的沉淀,聚集速度与相对过饱和度成正比。相对过饱和度随沉淀溶解度的增大而减小,随沉淀物质的浓度的增大而增大。

定向速度是离子在沉淀颗粒表面定向排列的速度,取决于沉淀本身的性质。一般情况下,极性较强的盐如 $BaSO_4$、CaC_2O_4 等,定向速度大,常生成晶形沉淀;高价金属氢氧化物的定向速度小,一般生成非晶形沉淀。沉淀的形成过程如图 11-17 所示。

图 11-17 沉淀的形成过程

2. 沉淀重量法对沉淀形式的要求

沉淀重量法中,沉淀的目的是将被测组分转变为难溶化合物,以实现被测组分和其他组分的分离。因此,制备沉淀时要求如下:

(1) 被测组分要全部转变为沉淀,否则将会导致测定结果偏低,产生较大的负误差。被测组分转变为沉淀的完全程度用沉淀的溶解度来表示。沉淀的溶解度越小,说明被测组分反应越完全,转变为沉淀的程度越高。为使被测组分沉淀完全,应注意以下问题。

① 选择合适的沉淀剂,使被测组分和沉淀剂生成溶解度很小的沉淀。沉淀的溶解量应小于 $0.2~mg$。

② 加入过量的沉淀剂。根据溶度积规则,当沉淀反应达到平衡时,溶液中离子的浓度积为一常数。因此,加入适当过量的沉淀剂,可以使被测组分离子几乎全部转变为沉淀,相当于使沉淀的溶解度降低,这种现象称为同离子效应。一般情况下,沉淀剂应过量 $50\%\sim100\%$。若沉淀剂不易挥发,在干燥或灼烧时不易除去,应以过量 $20\%\sim30\%$ 为宜。

③ 盐效应、酸效应、配位效应等副反应,可使沉淀的溶解度增大。一般情况下,温度升高,沉淀的溶解度增大。

(2) 沉淀要纯净,否则将会使测定结果偏高,产生较大的正误差。影响沉淀纯净的因素主要是共沉淀。共沉淀是当被测组分与沉淀剂生成的沉淀从溶液中析出时,溶液中共存的其他可溶性组分也夹杂在该沉淀中一起析出的现象。产生共沉淀的原因包括表面吸附、包埋或吸留、形成混晶。

（3）沉淀要易于过滤和洗涤，否则将给操作带来极大的困难。

3. 理想的沉淀的制备

为了获得纯净、易于过滤和洗涤的沉淀，对于不同类型的沉淀，应采取不同的沉淀条件。

（1）理想的晶形沉淀的制备条件。

理想的晶形沉淀的制备条件可以概括为稀、热、慢、搅、陈 5 个字，如图 11-18 所示。

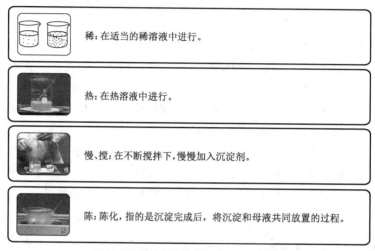

稀：在适当的稀溶液中进行。

热：在热溶液中进行。

慢、搅：在不断搅拌下，慢慢加入沉淀剂。

陈：陈化，指的是沉淀完成后，将沉淀和母液共同放置的过程。

图 11-18　理想的晶形沉淀的制备条件

陈化可使小沉淀颗粒溶解，大颗粒进一步长大，以减少吸附和内部吸留，并易于过滤和洗涤。陈化一般需要十几个小时，若在水浴上加热并不断搅拌，仅需 1～2 h 即可。

（2）理想的非晶形沉淀的制备条件。

① 在浓度较高的热溶液中进行沉淀。

② 不断搅拌，适当加快加入沉淀剂的速度。

③ 加入大量电解质，防止胶体形成，降低水化程度。

④ 趁热滤过，不需陈化。

（二）称量形式

被测组分和沉淀剂反应生成沉淀，沉淀经处理后转变为称量形式。称取称量形式的质量，依据化学因数，即可求出供试品中被测组分的质量。为保证分析结果的准确度，称量形式应符合以下要求：

（1）称量形式和被测组分之间具有确定的化学计量关系。

（2）在空气中性质稳定，能够准确称量。

（3）化学式量较大。

三、沉淀重量法的测定过程

沉淀重量法的测定过程如图 11-19 所示。

图 11-19 沉淀重量法的测定过程

任务四 沉淀重量法在药品检验中的应用

实例 11-8 芒硝的含量测定 取本品约 0.4 g,精密称定,加水 200 mL 溶解后,加盐酸 1 mL,煮沸,不断搅拌,并缓缓加入热氯化钡试液(约 20 mL),至不再生成沉淀;置水浴上加热 30 min,静置 1 h,用无灰滤纸或称定质量的古氏坩埚滤过;沉淀用水分次洗涤,至洗涤液不再显氯离子的反应;干燥并炽灼至恒重,精密称定,与 0.608 6 相乘,即得供试品中含有硫酸钠(Na_2SO_4)的质量。

本品按干燥品计算,含硫酸钠(Na_2SO_4)不得少于 99.0%。

1. 实例 11-8 中,芒硝的含量测定采用了哪种分析方法? 被测组分、沉淀形式和称量形式分别是什么? 0.608 6 是什么数值? 有何作用?

2. 沉淀重量法的测定过程包括哪些步骤?

3. 供试品的称取采用的是哪种称量方法? 称量结果准确到什么程度? 供试品的称量范围是多少?

4. 供试品溶解时,常用的溶剂是什么? 溶解操作时,应注意哪些方面的问题?

5. 为什么用 $BaCl_2$ 试液作沉淀剂? 如何判断沉淀是否完全? 沉淀条件是如何进行控制的?

6. 过滤沉淀时,应选择什么类型的滤器? 采用什么方法进行过滤?

7. 如何对沉淀进行洗涤? 如何判断沉淀是否洗涤干净?

8. 沉淀进行干燥与灼烧的目的是什么? 干燥与灼烧时,应注意哪些问题?

根据沉淀重量法的基本理论,结合以上问题,对实例 11-8 芒硝的含量测定的原理和操作进行解析。

一、沉淀重量法测定芒硝含量的原理

(1)沉淀反应的反应式为:

$$Na_2SO_4 + BaCl_2 \longrightarrow BaSO_4 \downarrow + 2NaCl$$

　　　被测组分　　沉淀剂　　　沉淀形式

(2)称量形式:$BaSO_4$。

(3)化学因数:0.608 6。

(4)结果计算公式为:

$$m_{Na_2SO_4} = m_{称量形式} \times 0.608\ 6 \tag{11-5}$$

二、沉淀重量法测定芒硝含量的操作解析

（一）测定前的准备

1. 沉淀重量法中使用的仪器

（1）称量仪器：感量为万分之一的电光分析天平或电子天平、高型称量瓶、瓷坩埚、干燥器。

（2）沉淀制备仪器：烧杯、滴管、表面皿、玻璃棒、电炉、恒温水浴锅。

（3）沉淀处理仪器：长颈漏斗、烧杯、玻璃棒、无灰滤纸、布氏漏斗或垂熔滤器、抽滤瓶、真空泵、烘箱、喷灯、瓷三角、铁支架、高温电炉、坩埚钳、石棉网、干燥器。

2. 沉淀重量法测定前准备的操作规程

（1）供试品的准备：根据方法要求，测定干燥失重等。

（2）分析天平的准备：检查天平的水平，清洁秤盘，调节天平的零点。

（3）玻璃仪器、滤器的准备：洗涤后备用，必要时干燥。

（4）干燥器的准备：检查干燥剂，必要时更换干燥剂。

（5）恒温水浴锅的准备：加水适量，加热至规定温度，恒温。

（6）干燥箱的准备：设定温度，调节风量，加热至规定温度，恒温。

（7）高温电炉：设定温度，加热至规定温度，恒温。

（8）瓷坩埚的恒重：在规定温度下恒重后，记录质量，置于干燥器中备用。

（二）称取供试品

取供试品：在干燥的高型称量瓶中装入适量的供试品。

精密称定：取规定用量±10％范围内的供试品，用减重称量法精密称定，置于烧杯中，记录为 $m_{供试品}$。

（三）溶解

供试品溶解时常用的溶剂是水，若水不能溶解时，可以采用酸、碱或有机溶剂等。溶剂的用量一般为 200 mL 左右。操作规程如下：

（1）用量筒取规定量的溶剂，沿烧杯内壁或顺玻璃棒加入烧杯中。

（2）缓缓搅拌，至完全溶解。

（3）若溶解时有气体产生或需加热时，须用表面皿盖住烧杯口，最后用水冲洗表面皿底部至溶液中。

（四）沉淀的制备

芒硝的含量测定中，因为 $BaSO_4$ 的溶解度小，故选用 $BaCl_2$ 为沉淀剂；并且其使用量约为理论用量的 2 倍，即过量 100%，以此保证沉淀完全。不同硫酸盐沉淀的溶解度见表11-5。

表 11-5 不同硫酸盐沉淀的溶解度

沉淀形式	溶度积	溶解度/(mg·L^{-1})
$CaSO_4$	7.1×10^{-5}	408.3
$SrSO_4$	3.2×10^{-7}	103.0

沉淀形式	溶度积	溶解度/(mg·L^{-1})
BaSO$_4$	1.1×10^{-10}	2.5
PbSO$_4$	1.7×10^{-8}	39.4

为得到纯净、易过滤和洗涤的沉淀,采取将供试品制备成较稀的溶液、加热供试品溶液和沉淀剂、搅拌下缓缓加入沉淀剂等措施,并进行陈化,还利用了酸效应。

沉淀是否完全的判断方法:加入规定量的沉淀剂后,在上清液中再加入沉淀剂,观察是否有沉淀生成。若有沉淀生成,说明沉淀还不完全;若没有沉淀生成,说明已经沉淀完全。

晶型沉淀制备的操作规程如下:

(1) 加热供试品溶液和沉淀剂。

(2) 在不断搅拌下,缓慢加入沉淀剂,一般在 10 min 之内加完。

(3) 检查是否沉淀完全。

(4) 在规定条件下进行陈化。

(5) 陈化完成后,将烧杯倾斜放置,使沉淀集中。

(五) 沉淀的过滤和洗涤

过滤后,如果沉淀只需干燥即可进行称量,则可选择垂熔漏斗进行过滤;沉淀如需灼烧,则应选择无灰滤纸,其过滤装置如图 11-20 所示。

图 11-20　无灰滤纸过滤

洗涤沉淀时,可用蒸馏水、沉淀剂、母液等。洗涤时,应遵循少量多次的原则,以提高洗涤效率。洗涤后,必须用适当的方法检查是否洗涤干净。本例中,用蒸馏水洗涤后,将稀硝酸和硝酸银试液加入洗涤液中,应不出现白色沉淀,否则应继续洗涤,直至符合规定。

过滤和洗涤均采用倾注法。用滤纸过滤的沉淀洗涤后,经过包裹,放入坩埚中进行灼烧。

1. 过滤的操作规程

(1) 按图 11-20 所示安装好过滤装置,调节铁圈高度,使玻璃漏斗最下端高于滤液液面。

(2) 将滤纸按要求折叠,置于玻璃漏斗中,使滤纸紧贴漏斗内壁。

(3) 加少量水润湿滤纸,轻压滤纸,使滤纸和漏斗内壁之间不留气泡。

(4) 左手竖直拿玻璃棒,使其下端靠近滤纸的 3 层部分;右手拿烧杯,先将烧杯的尖嘴贴紧玻璃棒,然后缓慢倾斜,将上清液注入。溶液应始终保持在滤纸边缘 1 cm 以下。

2. 洗涤的操作规程

(1) 在烧杯中分次加入洗涤剂,搅拌,倾斜静置,过滤洗涤剂。

(2) 检查沉淀是否洗涤干净。

(3) 将沉淀定量转移到滤纸上。

知识链接

滤纸

滤纸是一种具有良好过滤性能的纸,纸质疏松,对液体有强烈的吸收性。分析实验室常用滤纸作过滤介质,使溶液与固体分离。目前,我国生产的滤纸主要有定量分析滤纸、定性分析滤纸和层析定性分析滤纸。

定量分析滤纸在制造过程中,纸浆经过盐酸和氢氟酸处理,并经过蒸馏水洗涤,将纸纤维中的大部分杂质除去,所以灼烧后残留灰分很少,对分析结果几乎不产生影响,适用于精密定量分析。目前,国内生产的定量分析滤纸分快速、中速和慢速,在滤纸盒上分别用白带(快速)、蓝带(中速)和红带(慢速)标记。

定性分析滤纸一般残留灰分较多,仅供一般的定性分析和用于过滤沉淀或溶液中的悬浮物,不能用于质量分析。定性分析滤纸的类型和规格与定量分析滤纸的分类基本相同,只是在表示快速、中速和慢速时,滤纸盒上印的是快速、中速和慢速字样。

层析定性分析滤纸主要是在纸色谱分析法中用作担体,进行待测物的定性分离。层析定性分析滤纸有 1 号和 3 号两种,每种又分为快速、中速和慢速。

定量分析滤纸和定性分析滤纸的区别主要在于灰化后产生灰分的量。定性分析滤纸不超过 0.13%,定量分析滤纸不超过 0.000 9%。无灰滤纸是一种定量分析滤纸,其灰分小于 0.1 mg,在分析天平上可忽略不计。

(六) 干燥或灼烧

沉淀洗涤后,须经干燥或灼烧以除去沉淀表面的水分、洗涤剂或其他挥发性杂质,使之纯净并具有固定的组成。沉淀经干燥或灼烧后,在称量之前,应先在干燥器中冷却至室温。灼烧的操作规程如下:

(1) 灼烧时,应先将滤纸上的沉淀包裹,放在瓷坩埚内。坩埚应事先在相同的条件下干燥至恒重,并精密称定其质量,记录空坩埚的质量。

(2) 在电炉上缓缓加热(见图 11-21),使滤纸炭化(见图 11-22)、灰化(见图 11-23)。

图 11-21　沉淀的干燥　　　　图 11-22　滤纸的炭化　　　　图 11-23　滤纸的灰化

（3）瓷坩埚放入高温电炉中炽灼 30 min 以上，取出置于石棉网上稍冷后，再置于干燥器中冷却至室温（30～60 min），精密称定。

（4）重复操作步骤（3），直至恒重。

（七）称量

精密称定恒重时的质量，记录坩埚和称量形式的总质量，减去空坩埚恒重时的质量，即为称量形式的质量。称量的操作规程如下：

（1）使用称取供试品的同一台分析天平称取灼烧、冷却后的瓷坩埚的质量，精密称定。

（2）称取第二次、第三次……灼烧、冷却后的瓷坩埚的质量，精密称定。

（3）当相邻两次瓷坩埚的质量相差小于 0.3 mg 时，即达到了恒重。

（4）取最后两次瓷坩埚的质量的平均值，记为恒重时的质量。

（八）记录与计算

将沉淀重量法测定芒硝含量的相关数据填入表 11-6 中。

表 11-6　沉淀重量法数据记录表

供试品名称				批号		
生产厂家						
供试品的质量（$m_{供试品}$）		$m_{(瓶+供)_1} = \underline{\quad} g$ $m_{(瓶+供)_2} = \underline{\quad} g$ $m_{供试品_1} = \underline{\quad} g$			$m_{(瓶+供)_1} = \underline{\quad} g$ $m_{(瓶+供)_2} = \underline{\quad} g$ $m_{供试品_2} = \underline{\quad} g$	
恒重时的总质量（$m_{恒重}$）		$m_{(瓶+供)_n} = \underline{\quad} g$ $m_{(瓶+供)_{n+1}} = \underline{\quad} g$ $m_{恒重_1} = \underline{\quad} g$			$m_{(瓶+供)_n} = \underline{\quad} g$ $m_{(瓶+供)_{n+1}} = \underline{\quad} g$ $m_{恒重_2} = \underline{\quad} g$	
称量形式的质量（$m_{称量形式}$）		$m_{恒重_1} = \underline{\quad} g$ $m_{坩埚_1} = \underline{\quad} g$ $m_{称量形式_1} = \underline{\quad} g$			$m_{恒重_2} = \underline{\quad} g$ $m_{坩埚_2} = \underline{\quad} g$ $m_{称量形式_2} = \underline{\quad} g$	
炽灼温度/℃				干燥剂		

称量次数	空瓷坩埚（$m_{坩埚}$）			供试品＋瓷坩埚[$m_{(坩埚+供)_1}$]			供试品＋瓷坩埚[$m_{(坩埚+供)_2}$]		
	干燥时间	冷却时间	质量/g	干燥时间	冷却时间	质量/g	干燥时间	冷却时间	质量/g
第 1 次									
第 2 次									
第 3 次									
……									

计算公式为：

$$m_{干燥品} = m_{供试品} \times (1 - 干燥失重率) \tag{11-6}$$

$$m_{被测组分} = m_{称量形式} \times 化学因数 \tag{11-7}$$

$$被测组分的含量（\%）= \frac{m_{被测组分}}{m_{干燥品}} \times 100\% = \frac{m_{称量形式} \times 化学因数}{m_{供试品} \times (1 - 干燥失重率)} \times 100\% \tag{11-8}$$

（九）数据处理

计算结果按有效数字和数值的修约及其运算修约,使其与《中国药典》标准中规定限度的有效位数相一致。

计算相对平均偏差,其精密度符合要求时,取计算结果的平均值作为分析结果。

（十）结果判断

分析结果大于或等于《中国药典》规定的限度值时,判为符合规定;小于《中国药典》规定的限度值时,判为不符合规定。

任务五　重量分析法实训

实训十四　马来酸氯苯那敏的干燥失重测定

一、实训任务

根据《中国药典》规定,按照干燥失重测定法操作规程,测定马来酸氯苯那敏的干燥失重率。

二、实训要求

1. 能按照标准操作规程进行干燥失重测定操作。

2. 会计算干燥失重测定的结果。

三、《中国药典》规定

取本品,在 105 ℃干燥至恒重,减失质量不得过 0.5％。

四、实训用品

将马来酸氯苯那敏的干燥失重测定所需仪器填入表 11-7 中。

表 11-7　马来酸氯苯那敏的干燥失重测定所需仪器

序号	仪器名称	规格型号	用途
1			
2			
3			
4			

五、实训方案设计

将马来酸氯苯那敏的干燥失重测定方案设计填入表 11-8 中。

表 11-8　马来酸氯苯那敏的干燥失重测定方案设计

序号	分析过程	操作内容
1		
2		
3		
4		

序号	分析过程	操作内容
5		

六、实训结果

1. 记录。

参考表11-2。

2. 结果计算。

计算公式为：

$$干燥失重(\%) = \frac{W_1 + W_2 - W_3}{W_2} \times 100\%$$

3. 结论。

本品按《中国药典》二部检验,干燥失重检查符合(不符合)规定。

实训十五 西瓜霜的含量测定

一、实训任务

根据《中国药典》规定,按照沉淀重量法操作规程测定西瓜霜的含量。

二、实训要求

1. 会选择使用试剂和仪器。

2. 会按照沉淀重量法操作规程测定西瓜霜的含量。

3. 会计算实验结果,根据实验结果下结论。

三、《中国药典》规定

取本品约0.4 g,精密称定,加水150 mL,振摇10 min,滤过,沉淀用水50 mL分3次洗涤,滤过,合并滤液,加盐酸1 mL,煮沸,不断搅拌,并缓缓加入热氯化钡试液(约20 mL),至不再生成沉淀;置水浴上加热30 min,静置1 h,用无灰滤纸或称定质量的古氏坩埚滤过;沉淀用水分次洗涤,至洗液不再显氯化物的反应;干燥并炽灼至恒重,精密称定,与0.608 6相乘,即得供试品中含有硫酸钠(Na_2SO_4)的质量。

本品按干燥品计算,含硫酸钠(Na_2SO_4)不得少于90.0%。

四、实训用品

1. 试剂。

将西瓜霜的含量测定所需试剂填入表11-9中。

表11-9 西瓜霜的含量测定所需试剂

序号	试剂名称	配制方法	用途
1			
2			
3			

2. 仪器。

将西瓜霜的含量测定所需仪器填入表11-10中。

表 11-10　西瓜霜的含量测定所需仪器

序号	仪器名称	规格型号	用途
1			
2			
3			
4			

五、实训方案设计

将西瓜霜的含量测定方案设计填入表 11-11 中。

表 11-11　西瓜霜的含量测定方案设计

序号	分析过程	操作内容
1		
2		
3		
4		

六、实训结果

1. 记录。

（1）供试品。

供试品的名称为 _____、规格为 _____、生产批号为 _____、生产厂家为 _____。

（2）称量结果。

供试品的质量为 _____ g、称量形式的质量为 _____ g。

2. 结果计算。

Na_2SO_4 的含量为 _____％。

3. 结论。

本品按《中国药典》一部检验,含量符合(不符合)规定。

目标检测

一、填一填

1. 形成晶型沉淀的条件可以概括为 _____、_____、_____、_____、_____。

2. 根据 _____ 不同,重量分析法可分为 _____ 法、_____ 法和 _____ 法。

3. 沉淀重量法中,生成沉淀的类型主要取决于沉淀形成过程中 _____ 和 _____ 的相对大小,若前者大后者小,则易得到 _____ 沉淀;反之,则易得到 _____ 沉淀。

4. 化学因数即 _____,是用来表示 _____ 和 _____ 之间质量关系的参数,若被测组分为 Al,称量形式为 Al_2O_3,则其化学因数为 _____。

5. 挥发重量法是利用物质的 _____ 性质,通过 _____ 或其他方法实现分离的。

6. 影响沉淀纯净的主要因素是_____,其产生原因是沉淀的_____和_____。

7. 沉淀重量法中,为使被测组分沉淀完全,应_____并_____,一般情况下沉淀剂过量_____。

二、选一选

1. 恒量是指供试品连续两次干燥后称重的差异不大于(　　)。

　　A. 0.1 mg　　　　　B. 0.3 mg　　　　　C. 0.5 mg　　　　　D. 1 mg

2. 沉淀形式与称量形式(　　)。

　　A. 相同　　　　　　　　　　　　B. 不相同

　　C. 有时相同,有时不相同　　　　D. 两者无关

3. 下列哪个条件有利于晶形沉淀的制备(　　)。

　　A. 浓溶液　　　　　　　　　　　B. 陈化

　　C. 快速加入沉淀剂　　　　　　　D. 加电解质溶液

4. 若被测组分为 FeO,称量形式为 Fe_2O_3,则其换算因数为(　　)。

　　A. $\dfrac{M_{FeO}}{M_{Fe_2O_3}}$　　　　B. $\dfrac{2M_{FeO}}{M_{Fe_2O_3}}$　　　　C. $\dfrac{M_{FeO}}{2M_{Fe_2O_3}}$　　　　D. $\dfrac{2M_{Fe_2O_3}}{2M_{FeO}}$

5. 制备沉淀时,下列可以减少表面吸附的条件是(　　)。

　　A. 浓溶液　　　　　B. 颗粒小　　　　　C. 热溶液

三、想一想

1. 简述重量分析法的方法要求。

2. 简述沉淀重量法中对沉淀形式的要求。

四、算一算

1. 计算下列测定的化学因数。

被测组分	称量形式
SO_2	$BaSO_4$
Al	Al_2O_3
MgO	$Mg_2P_2O_7$
Ag_2O	AgCl

2. 用沉淀重量法测定样品中 MgO 的含量。精密称取样品 0.475 0 g,加入沉淀剂,经过滤、洗涤、干燥、灼烧后得 $Mg_2P_2O_7$ 0.345 5 g,试计算样品中 MgO 的含量。(已知 M_{MgO} =40.30 g/mol,$M_{Mg_2P_2O_7}$ =222.55 g/mol)　　　　　　　　　　(参考答案:26.34%)

3. 准确称取含铁样品 0.201 2 g,经重量分析得到 0.110 3 g Fe_2O_3,试计算样品中 FeO 的含量。(已知 M_{FeO} =71.85 g/mol,$M_{Fe_2O_3}$ =159.7 g/mol)

参考文献

［1］　国家药典委员会. 中华人民共和国药典. 2015 年版. 北京:中国医药科技出版社,2015.

［2］　李发美. 分析化学. 7 版. 北京:人民卫生出版社,2011.

［3］　冉启文,黄月君. 分析化学. 3 版. 北京:中国医药科技出版社,2017.

［4］　谢庆娟,李维斌. 分析化学. 2 版. 北京:人民卫生出版社,2013.

［5］　谢庆娟,杨其绛. 分析化学实践指导. 北京:人民卫生出版社,2009.

［6］　龚子东,柯宇新. 分析化学基础. 2 版. 北京:中国医药科技出版社,2016.

［7］　陈立钢,廖丽霞,牛娜. 分析化学实验. 北京:科学出版社,2015.

［8］　王炳强. 化学分析与电化学分析技术及应用. 北京:化学工业出版社,2018.

［9］　卢小曼. 分析化学. 北京:中国医药科技出版社,1999.

［10］　靳丹红. 分析化学. 北京:中国医药科技出版社,2015.

［11］　欧阳卉,唐倩. 药物分析. 3 版. 北京:中国医药科技出版社,2007.

［12］　国家药品监督管理局. 药品检验所实验室质量管理规范(试行)［EB/OL］.